蒙古马

伊犁马

山丹马群

山丹马

纯血马(北京华骏育马有限公司提供)

阿拉伯马

奥尔洛夫马

阿尔登马

三河马

马驴骡饲养管理

（修订版）

田家良　编著

金盾出版社

内 容 提 要

本书由中国人民解放军原军需大学田家良教授编著。中国马驴骡的饲养由役用为主逐渐转向运动型、娱乐型等多元化方向发展，当前已进入现代马业时期，为此本次修订在原书基础上增加了许多适合现代生产的新内容。内容包括：马驴骡的特点，马和驴的品种，马驴骡的选择和饲养管理，马和驴的繁殖和育种，马驴骡的使役，马术运动及现代赛马，马肉、乳产品开发，疾病的预防。本书适合马驴骡饲养场（户）、马娱乐场技术人员和农业院校相关专业师生阅读参考。

图书在版编目(CIP)数据

马驴骡饲养管理/田家良编著．—修订版．—北京：金盾出版社，2007.10

ISBN 978-7-5082-4704-5

Ⅰ．马…　Ⅱ．田…　Ⅲ．①马-饲养管理②驴-饲养管理③骡-饲养管理　Ⅳ．S82

中国版本图书馆 CIP 数据核字(2007)第 150188 号

金盾出版社出版、总发行

北京太平路 5 号（地铁万寿路站往南）

邮政编码：100036　电话：68214039　83219215

传真：68276683　网址：www.jdcbs.cn

彩色印刷：北京外文印刷厂

黑白印刷：北京金盾印刷厂

装订：永胜装订厂

各地新华书店经销

开本：787×1092 1/32　印张：5.25　彩页 4　字数：110 千字

2008 年 9 月修订版第 7 次印刷

印数：46001—54000 册　定价：8.00 元

前　言

从事马匹饲养、繁殖、育种并向社会提供马匹作为役力及利用马匹生产乳、肉等产品的产业叫养马业。原版的《马驴骡的饲养管理》主要是为此服务。而今，随着我国经济的腾飞，人民生活水平和质量的提高，我国的养马业已进入现代马业时期。所谓现代马业是以养马业为基础，涉及农业、食品工业、医学、体育、休闲娱乐、社会文化、军事、科学技术等领域的综合性产业。我们如何借鉴国外现代马业成功的经验，分析我国马业的发展趋势，养马、驯马，培育适合现代人生活需要的马匹，不仅可以致富于农牧民，还可以丰富人民的文化生活。为此，本书的修订就势在必行。笔者在原书基础上，大量增加了有关现代马业的内容，以适应新时代的要求。

谨向恩师刘少伯先生，学兄慎伟杰先生以及王振山、侯文通、芒来等先生致以诚挚的谢意。由于笔者水平有限，编写时间仓促定会有疏漏之处，敬请读者批评指正。

编著者

2007年6月

目　录

一、马驴骡的特点

马驴骡虽都是马属动物，但它们各有特点，掌握这些特点对做好饲养管理工作很有帮助。

（一）马的特点

马经过长期进化，形成了大小不一、类型各异的许多品种。有的体高可达 2 米，体重 1 200 千克；而玩赏马体高只有 30～80 厘米，体重 14～40 千克。但是它们都有马的共同特点。

1. 感　觉

(1) 视觉　马眼位于头部两侧，视野为圆弧形，全影视野为 330°～360°。两单眼视野在中央重叠的部分只有 30°左右，主要是平面影像，缺乏立体感。因此，马对距离的分析、判断能力差，在向后退时容易失误。

障碍是调教马的困难科目，常发生跨越拒跳的现象，即使已熟悉的跳跃动作如不经常复习，也易忘记。马除能看到正、侧方位外，还有后视野，单后蹄后踢动作十分准确，就是因后踢是在视野范围之内，所以使役或控制马时，对它的后肢后踢要特别警惕。

总之，马的视觉不很发达，远不如嗅觉和听觉。我们在接近和调教马的过程中，不能以人的视力去理解马，要注意先用声音通知它，不能突然靠近马或接近其后躯，蹲下工作，以防发生危险。

(2) 嗅觉　马的嗅觉很发达，马鼻是信息感知能力很强的器官，它能在听觉或其他感知器官尚未察觉到的情况下接收外来的各种信息，并能迅速作出反应。

马识别外界事物主要是靠嗅觉。靠嗅觉识别主人、同伴、母子、性别、发情、路途、厩舍、厩位、饲料种类，靠嗅觉寻找水源，根据粪便气味寻找同伴或避开野兽。

在调教或接近不熟悉的马时，应先让马嗅闻鞍、挽具，消除其恐惧感。当马鼻翼搧动，做短浅呼吸，强烈呼气并发出响声时，表示其预感危险和惊恐，应给以抚慰。

利用马嗅觉敏锐的特点，还可以调教马在固定位置排便。先将圈舍清扫干净，在指定位置放一些粪便，将马放入，任其闻嗅，在粪便氨味的刺激下，马就会慢慢养成在指定地点、时间排便的习惯，尤其是赛马在比赛前 15 分钟排便更有利于比赛。

马靠灵敏的嗅觉来判定自己所处环境和事物，并作出相应的反应，饲养管理人员应仔细观察马的嗅觉行为，及时发现和改进对马不利的因素和条件，不仅能保证马匹的健康，也可防止发生事故。

(3)**听觉**　马的听觉发达，听远隔音和低弱音的能力比人强，可分辨声音的频率、音色和音调，并可对此建立条件反射。盛装舞比赛时马能在音乐伴奏下跳舞。过强的音响对马是不良刺激，甚至会受惊。调教中要注意马对汽笛声、锣鼓声、枪炮声的适应性训练。

(4)**味觉**　马的味觉不灵敏。对苦味不敏感，喜欢吃甜的，一般不吃酸的。因为味觉感知能力一般，所以马采食食物的范围很广，对很多饲料都能适应，但马遇到特别可口的食物时，特别是很饥饿时，会吃下超过胃正常容量的食物而引发消化道疾病。

(5)**触觉**　敏感程度因类型、品种、气质类型、疲劳程度和身体部位而不同。如重型挽马、疲劳的马触觉敏感程度就差些，四肢、腹、唇、耳就比较敏感，人在接触这些部位时要注意安全，不可贸然行事。

(6)**温觉** 马的温觉感受器分布在全身皮肤表面及口腔、鼻腔、肛门等黏膜部位。凡触觉敏感的部位温觉往往迟钝。马能感受1℃左右的温差，公马采精时，假阴道的温度相差1℃就可能采不出精液。

(7)**痛觉** 马的上唇、蹄冠、耳、眼部痛觉敏感。所以，兽医人员在治疗或装蹄时，为了分散马的注意力而使用鼻捻子和耳夹子保定。

(8)**平衡感觉** 平衡感觉对马体在空间的定位、维持身体平衡和实现姿势反射有重要意义。乘马、马术马、放牧用马都要有敏锐的平衡感。调教和骑乘中，人体重力的偏压，腿的扶助可引起马平衡感的变化，以使其改变方向、速度、步伐和动作。

2. 习 性

马有许多好的习性可被我们加以利用。

(1)**合群性** 马合群性的强弱与品种、饲养管理条件有关。群牧马比舍饲马强，轻型马比重型马强。人利用这一习性可组织马群放牧，利用经过训练的“头马”带群，训练装车、过河。由于单个马不愿离群，在调教时要注意训练单马出列或执行任务。

(2)**记忆力和模仿力** 马的大脑发达，可记住主人、道路、水源、厩舍、饲喂和休息地点、被惩罚处、不正当的对待或伤害。“老马识途”，马即使离群数月乃至数年，它仍可返回原地。在赶运马时要防止其逃回原产地。

马有很强的模仿能力，调教时可以利用老马带新马，学习复杂动作。但它也可以模仿坏动作，所以要把有咽气癖、啃癖、自淫癖的马隔开，以免别的马模仿。

(3)**竞争和争斗**　马的竞争心理非常强，彼此互不相让，并行的马总是越走越快，总想超过对方。赛马就是利用这一特点。在竞赛中，虽鼻口喷血，体力难支，也竭尽全力，直至死亡。

公马喜争斗，尤其在配种季节，为抢占母马，都要经过激烈的争斗，一旦形成优胜序列，则以公马为核心组成各个小家群。对好争斗的马要注意管理，拴系或牵遛时相互要保持一定的距离。

3. 采食和消化特点

马一般是站立采食。靠上唇和切齿吃草，故可利用牧地上的短草，在产草量低的草地上与牛混合放牧时，往往出现马肥牛瘦的现象。马采食细，咀嚼缓慢，壮龄马吃混合饲料时，一般每分钟咀嚼 70 次左右，每次采食饲料 50～100 克。加之马胃容积小，胃内食糜排空快，所以马每日采食时间不应少于 6～8 小时。夜间喂草可提高马的采食量，保证健康，"马不喂夜草不肥"是有科学道理的。

马胃容积只有 18 升左右。我国本地马的胃容积约与绵羊胃容积相等。马不能呕吐，食糜在胃内停留 4 小时左右。因此，每次饲喂量不能过多，否则易发生胃扩张病或胃破裂。

马的肠道全长 22～40 米，容积 200 升左右。马的盲肠和结肠比牛的发达，饲料的粗纤维主要在有微生物寄居的盲肠内消化吸收，但对粗饲料的利用率仍低于牛。

马肠道的内径大小不匀，在饲养不当或气候骤变时，容易发生结症。

马每日分泌唾液可达 70～80 升，可见保证马充足饮水的必要性。

4. 马的信息传递和行为表现

马主要是靠嗅觉、听觉和视觉来接受传递的信息。其中马的嘶鸣是传递信息的重要方式。如马饥渴时向主人呼叫或近距离内母仔之间的呼叫，通常会发出低而短的鼻颤音；呼叫同伴、母仔相互寻找，母马、幼驹和骟马会发出单音而拉长、带有颤音的长嘶；公马发出短而急的长嘶；发出尖而单一的嘶叫表示愤怒；短而尖，声音小，不连续的嘶叫表示烦躁不安；短促无节奏的乱叫是马痛苦呼救的信号。

马的行为表现很多，主要有以下几种。

(1)**警惕注意** 马警惕注意时，头颈高举，耳前伸，转动频繁，目光直视，试图捕捉声音来源和方位，鼻翼搧动，有时打响鼻。遇到这种情况，养马者应加以抚慰，消除不利因素，防止马匹受惊吓。

(2)**惊恐** 和警惕注意时的表现相似，但程度严重，还表现出四肢乱刨跳，尾收紧，全身表现紧张，做逃跑状。此时主人应加强抚慰和控制，尽力消除其惊恐的原因。

(3)**示威** 马双耳后背、目露凶光、头颈高举、鬣毛竖立、点头吹气、皱唇、对在其后侧的攻击对象做后肢倒踢动作，回头示意。人接近时，应用温和的声音抚慰或厉声训斥，从安全的方向慢慢接近，并加强控制，严防发生事故。

(4)**咬、踢、扒的表现** 马要咬人时，首先有示威的表现，然后猛地扑过来。尤其是老龄公马、公驴常常形成咬人的坏习惯，要加强管理，严加纠正。

踢、扒的行为多因饲养管理不当、调教不良所致，一般都是先有示威表现，然后低头，双后肢同时后踢并发出尖叫，但双肢后踢不如单蹄后踢准确。刨扒的动作比较隐蔽，一般事先没有示威行为，人们应十分注意，切忌从马的正面接近。

（二）驴的特点

我国现有驴900余万匹，是全世界养驴最多的国家，从东北至西北，都有驴的分布。驴在我国农副业生产和交通运输上起着重要作用。

驴起源于亚洲，具有热带或亚热带动物共有的特征和特性。喜干燥温暖地区，较不耐寒冷，能耐饥渴，抗脱水能力强。对粗纤维的利用能力比马强，消化能力比马高30%。营养状况好时，颈部、前胸、背部、腹部等处易沉积脂肪。抗病力强，消化器官疾病少，能吃苦耐劳。胎儿生长发育快，初生时体高可达成年驴的65%以上，体重达成年驴的10%～12%。性成熟早，1.5～2岁可性成熟。较马少一个腰椎，脊椎横突短而厚，故腰强固，有利于驮载。使役中行动灵活，善走对侧步，骑乘时人感舒适。驴性情温驯、胆小而执拗，一般缺少悍威和自卫能力。

（三）骡的特点

我国现有骡450余万匹，主要分布于黄河、秦岭以北的广大农区和半农半牧区，是农村的重要役畜。骡是马和驴的种间杂种。公马配母驴生下的后代叫驴骡或（駃騠），母马与公驴交配生骡（或马骡）。

骡：外貌介于马驴之间，其体型随马、驴的体型结构和体格大小而有所不同。体格多大于双亲。一般骡头近似马，平直、较长，耳比驴小但比马长。眼距中等宽。上下切齿咬合多正常。鬐甲毛比马少，尾盖毛较多而蓬松。四肢距毛较驴长，蹄踵较宽。

驴骡：体格大于母驴而接近公马，体躯较骡窄浅而轻。全身长毛不如骡丰厚。头部倾向于驴的头相，多呈菱形，较短。

眼距较宽，鼻小，下颌有的稍长而呈嘬嘴。两耳比骡的长大、宽厚，耳内毛丛较细密。驴骡四肢较骡细，距毛短，蹄踵较骡狭窄。

骡在感觉、习性等方面，大体与马一致外，因其是马和驴远缘杂交的后代，故有很强的杂种优势，其特点有：

1. 适应性强

骡分布于世界各地，说明它能很好地适应不同的自然环境和地理条件。与马相比，耐寒性稍差，但抗热能力强于马。通过在海南岛和某马场夏季的测定，骡的体温、呼吸数、脉搏均低于马，说明骡更耐热。在海拔 4 500 米高原上测定马骡的生理指标发现，骡的呼吸数、脉搏、体温、红细胞数均低于马，而血红蛋白量比马稍高，说明骡对海拔高、氧分压低的环境适应性强于马。

2. 体质结实，发病少

俗话说："铜骡、铁驴、纸糊的马"，是指骡的体质强于马，弱于驴。骡腰肢病、骨瘤、裂蹄的发病率大大低于马，并且很少患传染病和淋巴管炎。

3. 役用性能强

骡可用于驮、挽、乘。尤其因体短、背腰结实、步法稳健，善走山路而更适于驮载。"走骡"的步法是对侧步，骑者甚感舒适而更适于旅行。

据测定，在作业量相同的条件下，骡的热能消耗比马少。相同体重时，骡的正常挽力占其体重的 18%～20%，而马为 14%～15%，骡的挽力比马高 20%，每百千克体重的最大挽力，骡也高于马。

4. 吃饲料少，饲料报酬高

骡的食量大于驴而小于马，约比马少 20%。骡对饲料的消化能力比马高10%，在使役时，骡对饲料干物质的消化率比马高8%。

5. 生长发育快、成熟早、寿命长

据测定，3.5岁时，骡的体高可达成年体高的98.9%，体长达97.85%，马则分别达97.8%和95.9%。胸围、管围的发育也是骡比马快。4周岁时骡已成熟，1.5～2岁即可参加轻度使役。

骡的寿命较长，一般可活到35岁左右，如饲养管理良好，可达50岁，使役可达20年。

6. 骡驹的合群性比马强，胆大、活泼、好奇

骡驹合群性很强，尤其在夜间，总是栖居于马群中间。虽初生骡驹爱独自休息，但很少丢失。骡驹之间喜群居，但不愿与马驹相处。

骡驹胆大、机警、勇敢，勇于与野兽搏斗。活泼好动，尤其在日出、日落时爱撒欢狂跑。好奇心很强，遇有新奇事物，总喜围拢观看。

7. 性情执拗

“顺牛、善马、犟骡子”，是说骡的性情执拗，如调教、管理不当，容易养成坏习惯。

二、马和驴的品种

马和驴的品种须具备以下要求，即体形外貌要相似，生产性能一致，遗传性能稳定，同品种具有3 000匹以上的数量。

品种的形成受各地自然环境条件和各个历史时期人类对马匹需要的影响，随社会经济条件而发生变化。

全世界现有近300个马种，我国有30多个马种，10多个驴的品种。这些品种，能适应我国的自然经济条件，表现出良好的性能，是我国宝贵的品种资源。

（一）马的品种

马的品种分类方法很多。按培育程度可分为地方品种、培育品种和育成品种；按经济用途分为乘用、挽用、兼用及驮用品种；按品种起源分为沙漠品种、森林品种、草原品种和山地品种。

我国地方品种数量多、分布广，是我国劳动人民长期培育的结晶。这些品种适应性强、耐粗饲、抗病力强，但体型外貌还有些缺憾，体格较小，工作能力不突出，尚有提高、改良的必要。中国马地方品种主要分为蒙古马、西南马、河曲马、哈萨克马、藏马五大系统。

此外，还有地方品种马和引入品种马杂交改良，经长期选育已具备新品种条件和要求的培育品种以及由国外引入的育成品种。现介绍如下。

1. 蒙 古 马

产于蒙古草原，主要分布在东北、内蒙古和华北地区，是我国分布最广、数量最多的一个古老马种。

蒙古马体质粗壮结实，低身广躯。头较短而宽，颈多呈水平。前躯发育较好。四肢短而粗。体高 125～135 厘米，体重 250～370 千克。以产自内蒙古锡林郭勒盟乌珠穆沁旗的马最好。

蒙古马具有乘、挽、驮多种用途，但都不很突出。最大的特点是适应性强、耐粗饲、持久力强、体质结实。

蒙古马因受各地自然条件及人工选择的影响，又分出许多类群，如属于内蒙古锡林郭勒盟的乌珠穆沁马，体格较大，速度较快，还有善走沙地的乌审马和适应走山地石路的百岔马，此外青海的浩门马、岔口驿马，新疆的焉耆马也属蒙古马系统。

2. 西 南 马

西南马产于我国西南地区的云、贵、川、桂和鄂西及陕南等地，约有 200 多万匹，占全国马总数的 22%。这些马无论从来源、形成历史和体尺外貌诸多方面都基本一致，与我国北方的草原马种完全不同，是除蒙古马之外又一最大的、独立的马种系统。

西南马体格不大，短小精悍，灵敏温驯，结构紧凑，有悍威。外形为头重、额广、眼大、耳小、鼻翼开张好。颈比蒙古马发育好，略短呈水平。鬐甲低，肩短立，背腰短，坚强有力，尻短而斜。四肢较细，肌腱发达，系短立，蹄小质坚，后肢多刀状肢势。被毛短密，长毛多而长。体高一般为 105～125 厘米，体重为 155～255 千克，表现出小型驮马和乘马体态。

西南马驮载力强，崎岖山路运步轻快踏实。长途驮载 80 千克，日行 30 千米；短途驮载可负重 100 千克以上；单马驾车可载重 350～400 千克。骑乘速度最高纪录 800 米为 1 分 1

秒，1 000米为 1 分 20 秒，1 600 米为 2 分 10 秒。

现今随着人们生活水平的提高，人们更加重视对精神文明的追求，西南各族人民的传统体育活动和民间马术不断发展，西南马应在统筹规划、因地制宜的原则下，以本品种选育为主，根据国民经济的需要和各地的实际情况进行分型选择，提高其品质和性能，使之向现代马种过渡。

3. 河 曲 马

主要产于甘、青、川三省交界的地区，以四川省若尔盖县出产的最好。

河曲马体型偏挽用的较多。头略重，鼻梁稍隆起。胸廓深长，尻宽略倾斜，四肢粗壮。体高 135～140 厘米，体重 330～400千克。以善走水草滩和适应于高原环境而出名。能吃苦耐劳，耐粗饲，好喂养，易上膘，恋膘性强，合群性好，发病少。

4. 哈萨克马

集中分布在新疆伊犁哈萨克自治州及邻近地带。属于草原种，对大陆性干旱寒冷气候和草原生活环境很适应。

哈萨克马头中等大，颈长适中。胸稍窄，背腰稍长，尻宽而稍斜。乘挽兼用型的马体格较大。骨骼较粗，肌肉发育良好。其体尺大于蒙古马，与河曲马相近。

哈萨克马适于骑乘和乘挽兼用，适应性很强，役用性能强于蒙古马。特别是产肉、产奶性能都较好，是发展我国肉马业的重要马种。

5. 藏　马

产于青藏高原，分布在海拔 3 600～4 000 米的高原上。

藏马体尺接近于蒙古马，大于西南马。头较小，胸宽深，后躯发育良好。体质非常结实，善于攀登山路，乘、挽、驮都可以，是藏族同胞的重要交通运输工具。

6. 伊犁马

产于新疆伊犁哈萨克自治州，以昭苏、尼勒克、特克斯、新源、巩留县为主要产区。是在哈萨克马的基础上，与引入品种进行杂交而培育出的乘挽兼用型品种。目前新疆伊犁已有40万匹。

伊犁公马体高148厘米、母马141厘米左右，昭苏马场产的伊犁马外血多，体高较大，体型较清秀，更适于乘用。巩留、尼勒克产的体型较小，但较粗重。伊犁马外形俊美，体质干燥（干燥是指皮下结缔组织不发达，关节肌腱轮廓明显，皮肤较薄，被毛短细）、结实。头中等大，颈长中等，背腰平直，尻宽稍斜，四肢结实。伊犁马有很好的速度、持久力和较大的挽力。抗病力、利用粗饲料的能力都较强，是国内耐力最好、速度最快的品种。骑乘速度，1 000米为1分43秒，1 600米为2分87秒。

新疆昭苏种马场有马近5 000匹，正以纯血马和新吉尔吉斯马与伊犁马进行杂交改良，以提高速度耐力，向马术用马方向发展。另外，还用重型阿尔登马与之杂交，以提高肉乳性能。

7. 三河马

主要产于内蒙古呼伦贝尔盟三河地区。

三河马是我国优良的培育品种，体高145～155厘米。体型较轻，头颈俊美，鬐甲和胸廓发育良好，具有耐粗饲、耐寒、抗病的特点，速度、耐力兼优。是用于赛马的首选品种。

今后仍应以本品种选育为主，适当以阿拉伯马杂交来改善体型、结构，以纯血马杂交提高速度。

8. 山丹马

是原甘肃省山丹县马场培育的新品种，山丹马体高138～144厘米，体重366～439千克。

山丹马体质粗糙结实，体型长方，躯干粗壮，头大小中等，耳小灵活，额宽，颈中等长较倾斜，颈础稍低，肩中等长斜，背长宽平直，胸深宽、胸围发育良好，有草腹，尻宽中长，偏短斜，四肢结实干燥，后肢有轻度刀状或外向，关节稍大，筋腱明显，蹄质坚硬。

骑乘速度1 200米为1分35秒，1 600米为2分13秒，3 200米为4分55秒7，5 000米为8分13秒8。善走对侧步，1 000米成绩为2分11秒。

现正在进行速度耐力型马匹“山丹骑乘马”的育种工作。

9. 纯血马

纯血马起源于英国，已有900余年历史，分布于世界许多国家，因产地不同常在纯血马之前冠以该国名字，如美国纯血马、日本纯血马等。纯血马头中等大小，清秀而干燥，多直头，两眼间距宽，双目有神，颈长而略轻。鬐甲高长，背直，尻长且呈正尻型，胸深而长。四肢高长、干燥，关节明显，筋腱发达，蹄中等。皮肤细腻而有弹性，距毛稀少或无。毛色以骝毛、褐骝、栗毛居多，青毛和黑毛其次，沙毛极罕见。头和四肢常有白章。纯血马体高一般都在160厘米以上。

纯血马以速度闻名于世，赛马跑速历来居世界最高记录，据统计，1 000米的赛跑记录为53秒7，1 600米为1分31秒8，2 400米为2分23秒。纯血马还是跳高和跳远世界记录的创造者，在骑手骑乘下跳远记录为8米30，跳高记录为2米47。虽然速度很快，但持久力稍差。步伐确定，步样低而步幅大，轻快而有弹性。纯血马的悍威很强，极易兴奋，在正常培育条件下，比较早熟，4岁已结束生长。繁殖能力较差，受胎率和产驹率相对较低，加上不能使用人工授精和胚胎移植的规定，因此产驹率维持在60%已经是挺高的了。对饲养管理要求严格，饲草、饲料质量不好或搭配不合理，极易引起疾病。纯血马是当今世界上最卓越而且用途广泛的马种之一。除了平地赛马以外，其他如猎狐、经典马术、马球等，都有纯血马参加。它还用于培育新的品种或者改良其他品种。纯血马遗传力强，用于改良其他品种，能将其速力的特性遗传给后代。

针对我国缺少优良骑乘马种的现状，引进世界优秀马种进行纯种繁育和改良，重点提高速力，是我国骑乘马育种、马术运动的出路。纯血马将在骑乘马育种中起重要作用。

北京华骏育马有限公司是目前中国乃至亚洲最大的育马场，现有2 500多匹纯血马，而且每年还会有500多匹小马出生。他们把北京通顺赛马场作为纯血马的训练和选拔基地，目的是可以自己培育出在中国出生调教的优秀纯血马。

10. 阿拉伯马

是一个历史悠久的品种，因在阿拉伯地区育成而得名。

阿拉伯马体态优美，匀称，是典型的骑乘马体型。头清秀，额宽，面部直或凹，眼大有神，颈高扬，颈形弯曲美丽，鬐甲中等，胸阔宽，肩胛骨斜长，背宽腰平，尻发育良好，四肢干燥，蹄质坚实，尾巴高高抬起并呈弯曲状。阿拉伯马的毛色，以青毛、栗毛、骝毛居多，黑毛、沙毛较少。大多数阿拉伯马的体高143.3～154.4厘米，成年体重在363～454千克之间。

阿拉伯马以其体态优美、性情温驯、气质活泼、禀性灵敏、富于悍威、步法轻快和速力快、持久力强而闻名于世。曾有用4天零21小时跑完644千米的惊人记录。其体格中等，虽然速度不及纯血马，但在长距离竞赛中却经常夺冠。

我国已有纯种阿拉伯马40余匹，纯种繁殖已4代以上。用它改良山丹马、伊犁马的杂种一、二代马已有数百匹。

11. 阿哈-捷金马

原产于土库曼斯坦，经千余年培育而成，古代号称为大宛马、天马、汗血宝马，是世界上最古老的马种。

阿哈-捷金马体高中等，体型纤细，清秀，干燥，皮肤极薄。头颈高举，背腰平直，尻长而平，四肢干燥结实。既耐严寒又耐酷暑，有典型的沙漠马特征，速度快，持久力强。2002年土库曼斯坦总统送给我国的一匹公马，经与纯血母马杂交，已产下2匹雌驹。如加大培育力度，纯血马的高大、力量和速度加上阿哈-捷金马的耐力、聪慧和美丽，就会成为很有前途的马术马。

12. 奥尔洛夫马

产于原苏联，是闻名于世的快步马种，是作为轻驾车赛的重要马种。

该种马头稍重，颈长而肌肉厚实，鬐甲较低短，胸深，背中等长，腰平直，尻正而长，四肢稍干燥，肢势端正，体高158～160厘米。该马性情灵敏，适应性强，快步速度较快，轻挽记录1 600米为2分2秒，2 400米为3分9秒，3 200米为4分20秒左右，该马种曾对我国地方品种马进行改良，现可用于轻驾车赛。

13. 阿尔登马

产于比利时和法国相邻的阿尔登山区。我国东北和华北地区曾引入，对我国的马匹改良育种起过重要作用。

阿尔登马粗重结实，多呈直头或凸头，颈略短，背腰平直，胸宽深，四肢强壮，蹄质欠结实。大型马体高156～160厘米，小型马143～145厘米。

阿尔登马挽力大，步伐轻快，耐粗饲，适应性强。我国北方各地的阿尔登杂种马体型粗壮，适于做辕马。也可用于肉马生产。

（二）驴的品种

我国驴分布的区域广阔，在不同生态环境条件下，经长期风土驯化和人为的选育，形成大、中、小3个类型。大型驴体高在130厘米以上，体重260千克左右；中型驴体高111～129厘米，平均体重180千克左右；而小型驴数量最多，分布最广，体高在110厘米以下，体重130千克左右。

1. 关中驴

产于陕西省关中平原，以兴平、礼泉、乾县、咸阳产的质量最好。

关中驴体格高大，体高130～133厘米，个别公驴达144厘米以上。体略呈长方形，结构匀称。头颈高扬，前胸宽广，肋骨拱张，尻斜偏短，四肢端正。多为黑毛，并有“粉鼻、粉眼、白肚皮”的特征。适应性强，能忍受饥渴，好饲养，发病少，遗传性稳定，种用价值高。

在正常饲养条件下，1.5岁幼驹体高可达成年驴的93.4%，3岁时，公、母驴均可配种，公驴在4～12岁时配种能力最强，一头母驴一生可产5～8胎，一般受胎率达80%以上，公驴配母马的受胎率在70%左右，与宽体型母马交配生骡的效果较好。

2. 德州驴

产于山东的德州和惠民地区，是我国大型的优良品种之一。德州驴体型美观、高大壮实，体近方形，公驴平均体高136厘米，母驴体高在130厘米左右。有的驴也有粉鼻、粉眼、白肚皮的特征，有的驴全身黑色，叫乌头驴。德州驴结构匀称，头颈高举，颈粗，背腰宽平，肌肉丰满，四肢端正结实。生长发育快，1 岁时体重可达成年驴的 90%，12～15 月龄时性成熟，2.5 岁时可以配种。抗病力强，耐粗饲，经肥育后，屠宰率可达 53%。

3. 晋南驴

产于山西晋南地区，以运城、临汾等地为中心产区。外貌清秀，体呈长方形，颈宽厚而高举，背腰平直，四肢细长，毛色以黑色带三白为主，也有的呈灰色。公驴体高 133.4 厘米，母驴 130 厘米左右。晋南驴幼驹生长发育快，1 岁时体高可达成年体高的 90%以上，产肉性能较好，屠宰率 52.7%，净肉率平均 40%左右。

4. 泌阳驴

产于河南省西南部。属中型驴。体呈方形或高方形，结构紧凑，头干燥，耳内基部有一簇白毛，背平腰短，四肢端正，毛色为黑色，带粉鼻、粉眼、白肚皮特征。

此外，还有产于陕西省佳县、米脂县、绥德县的佳米驴，以及以甘肃省庆阳县为中心的庆阳驴。这些驴种都是中型驴，经肥育后，屠宰率都在 50%以上，净肉率在 35%左右。

我国小型驴分布很广，有新疆驴、华北驴、云川两省的西南毛驴等。

三、马驴骡的选择

饲养马驴骡的目的是使役和繁殖。因此，农民群众非常重视选择，并在实践中总结出了许多宝贵经验，如“上看一张皮，下看四肢蹄，前看胸膛宽，后看屁股齐”，“头要方，额要宽，耳为削竹(满面春风而薄)，眼亮圆，鼻大口方牙齿齐，脖子粗厚前胸宽，背腰平直不凹陷，屁股长宽肉丰满，四肢端正蹄质坚”。但这些只是体型外貌上的要求，是选择马驴骡的一个方面，况且主要针对选择用于拉车或耕地的马骡。

下面我们以马为主，介绍选择的方法。只有把这些方法结合起来运用，才能更可靠地进行选择。

(一)看长相

长相就是外貌，包括马驴骡的外部形态、身体的结实程度和对外界事物的敏感程度。根据长相可以了解和判断马驴骡的用途、工作能力、适应性和健康状况等(图 1)。

相马时，要让马自然站立在平坦的地方，先离马 3～5 米远处走一圈，通盘观察其整体状况，整体轮廓，长得是否匀称，各部位是否协调、对称，对外界的反应是否灵活、敏感等。然后再按马体的各个部位和不同用途，依次进行判定。

1. 按马(驴、骡)体的各个部位判定

(1)头和颈 头是马的重要部位。耳、眼、鼻、嘴和大脑都集中在头部。头应大小适中，呈方圆形。眼睛要求大而明亮，上下眼皮要薄，眼珠颜色为橘黄色。耳朵要大小适中，竖起、灵活。鼻梁要高、宽、直，鼻孔大。槽口宽，大嘴岔，齐嘴巴。

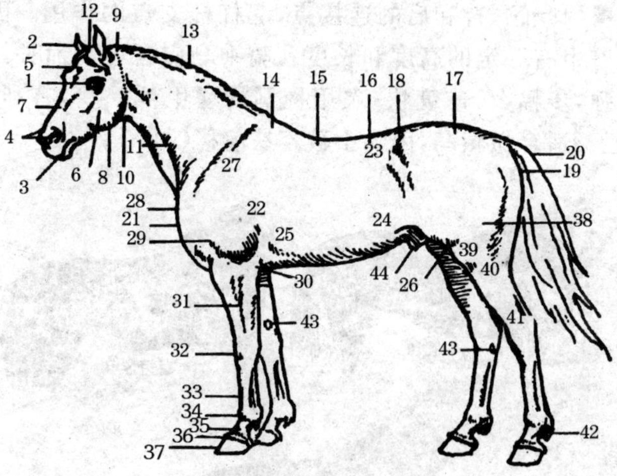

图 1　马体各部位名称

1. 眼　2. 耳　3. 口　4. 鼻孔、鼻翼　5. 额　6. 颊　7. 鼻梁　8. 颌凹 9. 项　10. 咽　11. 颈沟　12. 鬃　13. 鬣　14. 鬐甲　15. 背　16. 腰　17. 尻 18. 腰角　19. 臀端　20. 尾　21. 前胸　22. 胸侧　23. 肷　24. 腹　25. 带经　26. 鼠蹊　27. 肩　28. 肩端　29. 上膊　30. 肘　31. 前膊　32. 前膝　33. 管　34. 球节　35. 系　36. 蹄冠　37. 蹄　38. 股　39. 后膝　40. 胫　41. 飞节　42. 距毛　43. 附蝉　44. 阴筒、睾丸

额要宽、平。凡是耳朵下垂、眼小无神、眼珠红色或白色、鼻孔小、嘴巴尖、上下牙齿对不齐、槽口窄的马都不好。

颈部可以调节马体平衡，又能协助前进迈步。颈的长短和肌肉发达程度与马的工作性能有密切关系。

骑乘马的颈较长而细，挽马的颈较粗短，都要求宽厚，肌肉丰满。细脖子、大脑袋、细脖子插在肩膀上都不好。

(2)躯干　躯干内有心、肺、胃、肠和生殖器官。因此，必须有相当的长度和强度，便于保护脏器和发挥力量及速度。

鬐甲是颈、背和肩的连接点，起杠杆支点的作用。因此，要求鬐甲有一定的高度和长度。骑乘马应鬐甲高而长，这样负重强，步幅大、速度快；农用挽马的鬐甲低一些，有利于挽拉，但不适合做辕马，因为小鞍容易前移(图 2)。

图 2　三种鬐甲

马的背腰(脊背)要求宽广、平直。骑乘马、驮马背要短，挽马背要长。腰短而平直坚实的背腰适合于各种用途。凡是鲤背、凹背、弓腰、凹腰都是大缺点(图 3)。

尻部是马体的推进部位。骑乘马的尻部要长、水平、稍宽；挽马要求尻宽、稍短而较斜。尻为枣核形(尖尻)的马不能要(图 4)。

胸腔的大小与心肺和发育有关。胸深、宽、长的马工作性能强，能持久。前裆窄(窄胸)、鸡胸、肋骨扁平的马没有劲，跑不快(图 5)。

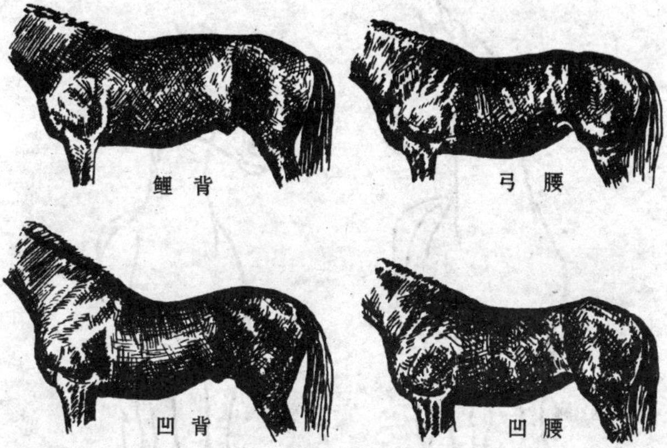

图 3　不良背腰

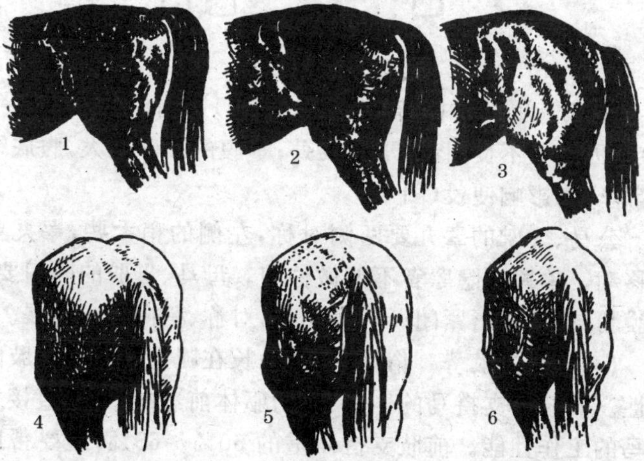

图 4　各种尻形

1. 水平尻　2. 正尻　3. 斜尻　4. 复尻　5. 圆尻　6. 尖尻

图 5　胸的宽窄

腹部应大小适中，草腹（草包肚子）影响使役；卷腹（狗肚子）多因营养不良引起，干活没劲；垂腹的腹部较大，腹底线过于穹隆，也影响使役（图 6）。

公马、公驴的睾丸要两侧对称，左侧的稍大些，睾丸要容易移动。单睾或隐睾者不能做种用。母马、母驴的阴门要大，黏膜粉红色、阴唇紧闭。乳房要大，对称、稍向前方伸展。

（3）四肢和肢势　俗话说"好马长在腿上"，说明四肢的重要性。四肢是支持马的体重、推动躯体前进的器官，直接关系到马的工作性能。前肢支持体重的 60％～65％，还要帮助后肢产生向前的推动力，故较后肢更容易受伤，因此要求大膀头，上粗下细。前臂骨要长，掌骨要短，这样迈的步子大，走得快。肘部肌肉要发达，不靠近胸壁。各关节要粗圆。

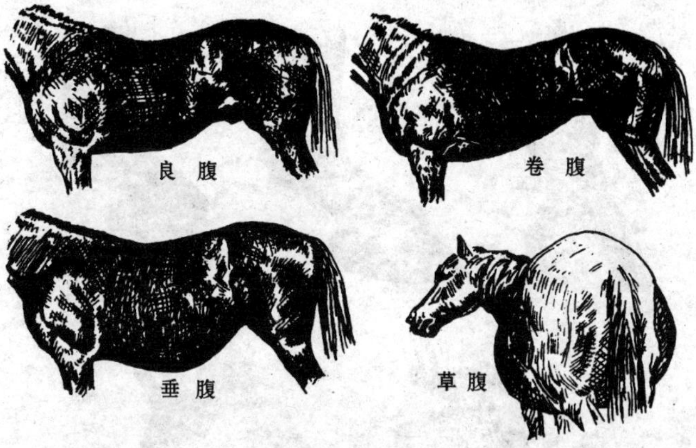

图 6　马的腹形

后肢的主要功能是向前推进身体。所以，要求肌肉发达，骨骼强壮，有一定的弯曲度。股部要长且肌肉发达。飞节要强大、稍弯曲。胫骨稍长的马善跑。

前蹄要略呈圆形，倾斜 50°左右，后蹄略呈卵圆形，倾斜 55°～60°。凡是低蹄、高蹄、滚蹄都降低工作能力。立系、卧系、熊脚因系部角度不适当，易发生骨腱疾病，严重影响工作性能。尤其是卧系、熊脚马都不能要（图 7）。

选择马、骡时，要特别注意它站立时四肢的姿势——肢势。正确的肢势是从前、后、侧方看，四条腿和地面垂直，两前蹄或两后蹄之间可以放一个蹄。只有肢势正，蹄形才正，迈步正直向前，干活才有劲，才能跑得快（图 8）。

站立时，两前腿或后腿过于靠拢，叫狭踏肢势；过于离开叫广踏肢势。两个蹄子向里撇，蹄尖向内靠叫内向肢势；相反，两个蹄尖向外撇的叫外向肢势（图 9，图 10）。那些不正肢势，不仅造成蹄形不正，而且大大降低工作能力。

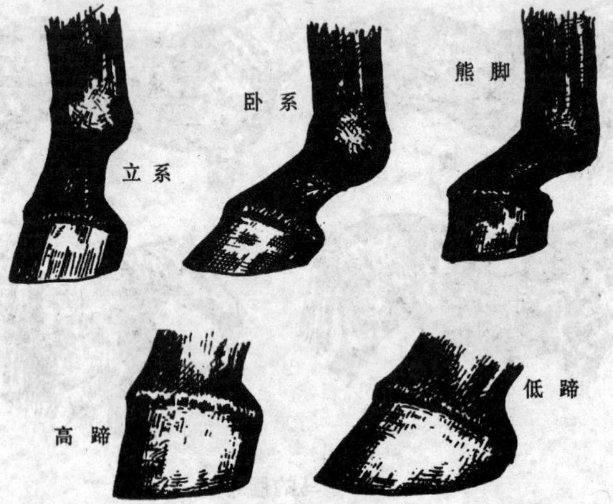

图 7　系与蹄

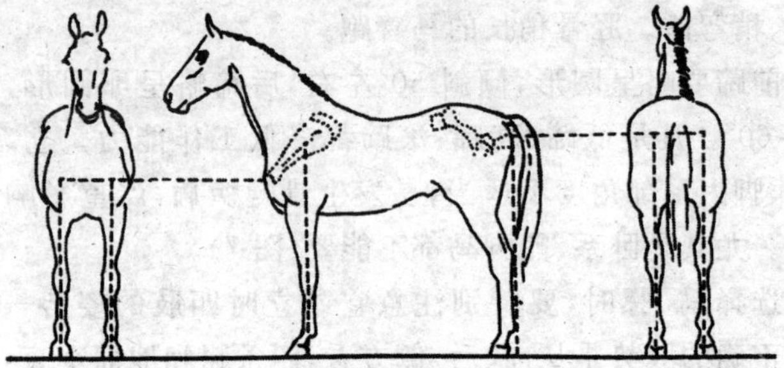

图 8　马的正肢势

2. 按马(驴、骡)的不同用途判定

(1) 挽马　指短途运输和农耕用马。要求拉力大，有一定的速度和持久力，性情温驯。体型较大，低身广躯。头要大，颈短厚，腿短，腰身长，骨量大，肌肉发达。鬐甲较低而宽厚，

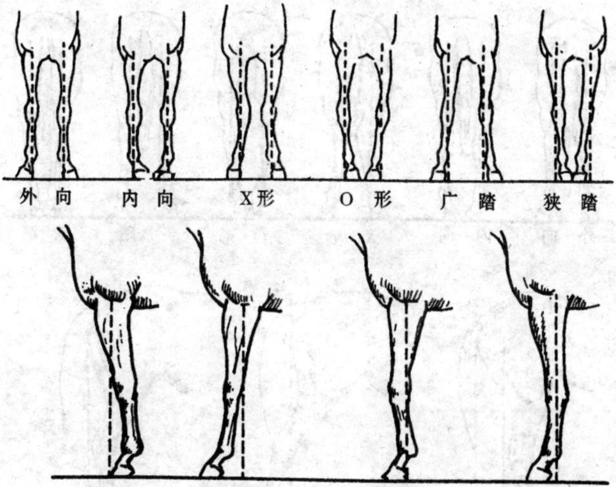

图 9　马前肢不正肢势(前视和侧视)

背腰平直,前胸宽深,腹部充实,尻部宽长,关节强大,蹄质坚实,运步轻快(图 11)。

(2)骑乘马　一般要求长肢短躯,体呈方形。全身肌肉结实,皮下血管明显,对外界敏感。头要小,眼大,鼻孔大。颈长,鬐甲高长,背腰短平,胸深而较宽。四肢关节强大,筋腱明显,蹄较小而结实,迈步轻快,有良好的速度和持久力(图 12)。

(3)兼用马　按其体型、轻重和主要用途又可分为乘挽兼用和挽乘兼用型。乘挽兼用马体型呈方形,头中等大,颈较长,鬐甲稍高而厚,背、腰平直,尻长而正,力量速度兼备;挽乘兼用型马体较乘挽兼用型马略重,体力强,而速度稍差,是较好的农耕用马(图 13)。

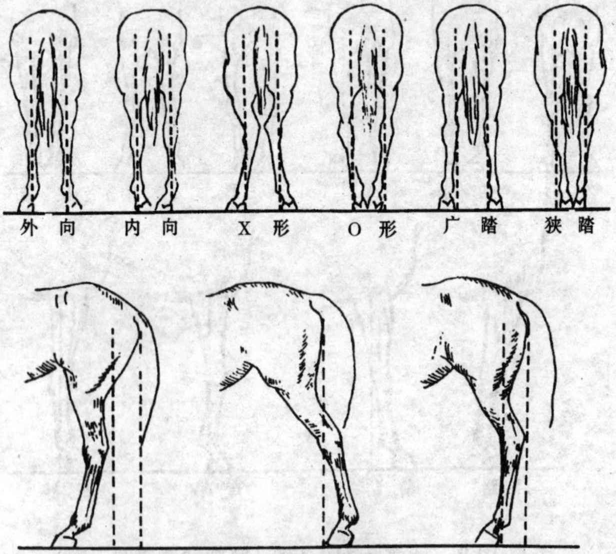

图 10　马后肢不正肢势(后视和侧视)

图 11　挽马体型

图 12　骑乘马体型

图 13　兼用马体型

好驴应当是体质结实，骨骼、肌肉发达，皮肤紧密而有弹性。体呈方形，性情活泼。头要大小适中，眼大有神，耳竖立，鼻孔大，槽口宽，口方，齿齐。颈较长而宽厚，背腰平直，前胸宽深，肋骨拱圆，腹大小适中而充实，四肢端正，关节强大。

(二)看走相

选择马匹时，特别是竞赛马，更要注意它的走相，即它的运步状况。因为走相直接影响到马匹能力的发挥，所以看走相比对马站立时的观察更重要。

1. 马的步法 所谓步法是指马稳定的运步方法。马运步时，每步都有提举期、悬空期、踏着期和负重期4个动作时期。马的步法可分为自然步法和人工步法。但因品种和训练程度不同，马能走的步法也不相同。有的步法对一些马可能是自然步法，而对另一些马可能就是人工步法。

(1)自然步法 是马生来就会走的步法，包括慢步、快步、对侧步、跑步和袭步。

① 慢步 慢步也称常步，是马用的最多且最基本的步法。慢步的步速最慢，可听到4个蹄音。在运步中，常用两肢或三肢踩地负重，是最为稳当和舒适的步法。慢步行走时，4蹄音节奏整齐，步伐有弹性与活力。在硬地上运步时，4个蹄音更是明晰可辨。慢步中马的四肢提举顺序见图14。

② 快步 快步又称速步，特点是对角线的前后两肢同时离地或着地，因而每完成1步有2个蹄音。与慢步有所不同的是它有一个悬空期，马从一对角线的前后两肢换为另一对角线的两肢期间，四肢全部离地。由于快步运步中，每步中颠动2次并有一个悬空期，对骑手来说，在2次颠动间，上下随着运动也是比较舒服的。

快步中马的四肢提举顺序见图15。

③ 对侧步 对侧步时速亦较快，特点是同侧前后两肢同时离地或着地，可听到2个蹄音。在用对侧步运步时，由于仅身体一侧负重，马匹易左右侧动。由于对侧步步速较快步快，

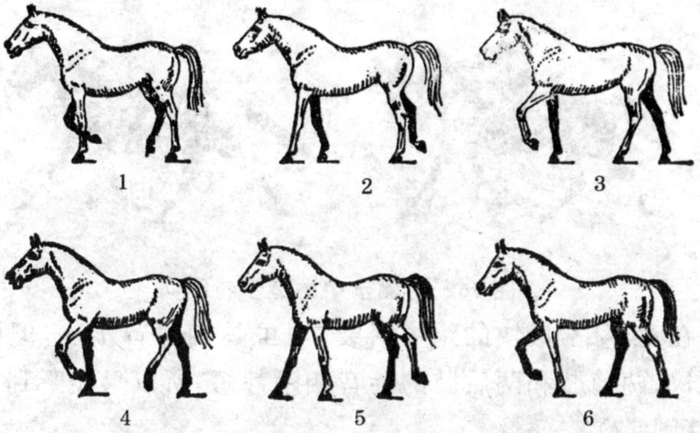

图 14　慢步运步图

图 15　快步运步图

因而在看重速度的轻驾车赛中比较常用。有自然会走对侧步的马,但大多数马只有调教后才会走。对侧步也有一个与快步相同的节奏。对侧步四肢提举顺序见图 16。

④ 跑步　也叫驱(qiu)步,通常由快步变换为跑步。先以一后肢着地,其次为第二后肢和对角前肢同时着地,最后为另一前肢着地。随后又以着地顺序而离地。每步可以听到 3 个蹄音,有一个悬空期。跑步时,最后着地的前肢承受极大冲击,易疲劳,易受伤。

图 16　对侧步中的运步特征

在竞赛中，最快的跑步叫袭步，虽是四蹄音步法，但因速度很快，两前肢和两后肢的蹄音相距甚短，所以只能听到 2 个蹄音(图 17)。

图 17　跑步中的运步特征

(2)人工步法　是指马在调教中，人为训练出的步法。国外较流行的有以下几种。

①溜花蹄　又叫漫步。由慢步变换而来，步速较慢步快，由一肢或两肢负重，可听到 4 个蹄音。此步法稳当、悠闲，骑手感到很舒适。

②快慢步　很似小走，是一种缓慢的四蹄音步法。后肢蹄印在前肢之前，四肢运步有节奏，运步平稳、流畅，马在行进中点头、摇身、轻咬牙，人马均显轻松。

③单蹄快步　是一种优美的快速快步，马每蹄以相等的时间间隔分别着地，运步的曲线较高，马易疲劳。

④慢对侧步　慢对侧步中，同侧的前后两肢同时提举离地，有点像对侧步。但是，它又不是真正的对侧步，因为着地时，后肢要略早于前肢。马用慢对侧步运步时，运步节奏中有一停顿，蹄音是 1、2-3、4 的节奏。在单蹄快步前马多走慢对侧步。

此外，还有狐式快步、横斜步等。国际上要求娱乐用马必须会走 3～5 种人工步法。

2. 运步检查

驱使马慢步前进或必要时使其快步前进，从而进行检查。要从马的前、侧、后方看其举肢、着地状态，运步的直线性和步伐的规整性、平衡性、步幅的大小、前后肢蹄的关系，运动中头颈姿势，肩的摆动，腰是否下沉，马的兴奋性和驯服程度等。

肢势和蹄形正确的马、骡，在运步时前后肢保持在同一垂直平面上，呈正直前进。而肢势不正、体型缺陷、患病等原因都可表现出运步不正确。如运步时为内八字、外八字、飞节向外捻转、腿抬得过高、后蹄碰撞前蹄、左右蹄相碰等，都不能发挥正常的速度和挽力。

(三)看毛色

毛色是指马驴骡分布在体表面的短毛(被毛)和鬃、鬣、尾等保护毛的颜色。被毛 1 年脱换 2 次。晚秋换成长而密的毛;春末换成短而稀疏的毛。春天换毛晚的马骡多是营养不良造成的。

马驴骡出生时的被毛叫胎毛,6 月龄左右换毛后才出现本来的毛色。毛色一般终生不变化,只有青毛随年龄的增加而白毛增多,逐渐由铁青色毛变成白青毛或斑点青毛。

识别马、骡的毛色是养马的基础知识。看毛色也是选择马、骡的重要步骤和依据。广大农牧民都喜欢深色的马、骡,依据是不是“粉鼻、粉眼、白肚皮”来判断驴的品种纯不纯。军队对马、骡毛色要求更严,一般白毛、花毛、斑毛是不准入伍的。

1. 毛　色

(1)马的毛色　分以下几种。

①黑毛　全身被毛和鬃、鬣、尾毛都是黑色。

②白毛　全身被毛生下来就是白毛,皮肤为肉色。蹄壳颜色发浅。

③骝毛　全身被毛为红色、黄色或黑红色,长毛和四肢下部为黑色。被毛为红色的叫红枣骝。有的被毛为黄色,鬣毛中间为黑色,而边缘色较浅,叫海骝毛。

④栗毛　全身为栗子皮色。红色的叫红栗毛,黄色的叫黄栗毛(俗名黄骠马)。如果嘴、眼周围的腹下颜色较浅,叫克栗毛。

⑤兔褐毛　全身短毛为红、黄或鼠灰色,鬣、尾毛中间为黑色而边缘与被毛同色,背部有一条暗色条纹(背线),前膝和

飞节部有暗色花纹（虎斑），肩胛部有暗色花纹（鹰膀）。根据被毛的颜色来分有红兔褐、黄兔褐、灰兔褐等。

⑥青毛　全身的毛都是黑白色毛混生，随着年龄的增加，白毛增多，最后变为白色。可分为铁青毛、菊花青、白青、斑点青、红青。

⑦沙毛　全身在暗色毛的基础上散生白毛，远看似“豆沙”色，终生不变。暗色毛是栗毛而散生白毛的叫栗沙毛，基础毛是骝毛而散生白毛的叫骝沙毛，此外还有兔褐沙毛。

⑧花毛　在暗色毛当中有分散或连片的大白斑，白斑部的皮肤为肉红色。

⑨斑毛　全身在白色短毛的基础上分散有大小不等的暗色斑点，俗名叫“花斑驹”。根据斑点的颜色分别命名为红斑毛、褐斑毛等。

(2)骡的毛色　骡的毛色比较简单，大部分为栗毛、骝毛、兔褐毛、黑毛，而花毛、斑毛极为少见。

(3)驴的毛色　驴的毛色与马不同，大致分为以下几种。

①粉色　俗称“三粉驴”、“燕皮驴”、“黑画眉驴”。全身短毛、长毛都是黑色，只有眼圈、嘴头和胸腹部的下部为白色，即粉鼻、粉眼、白肚皮。

②黑色　俗名“黑乌头”。全身被毛和皮肤都是黑色。

③青毛　全身被毛为黑白毛混生，随年龄增加而白毛增多。

④苍色　全身被毛为青灰色，头部和四肢颜色浅或呈白色。小型驴中多见，大型驴中是不受欢迎的毛色。

⑤栗色　全身短毛都为栗子皮色。这种毛色少见。

⑥银河　俗名叫“银红”或“米色驴”。全身为淡黄或淡红色。

⑦白毛(白银河)　全身是白色,皮肤为粉红色,终生不变。这种毛色极少见。

⑧灰色　是我国小型驴的主要毛色。被毛为鼠灰色,多有背线、虎斑和鹰膀。

⑨花毛　在有色毛的基础上分布有大白斑。小型驴中可见少量。

3. 特　征

是指马、骡头部和四肢部位上的特殊处,用来区别毛色相同的马、骡。

(1)头部的白章　即头部的白斑。脑门上有小白斑的叫星(“白玉顶”)。根据星的大小、长短、宽窄又可分为长流星、广流星、窄流星等。如白斑较大,扩展到脸部的叫白脸。上下嘴唇为白色的叫粉口。脑门上散生白毛时叫额刺毛,如果白毛散生面积较大,就叫额霜(图 18)。

(2)四肢白章　即四肢上有白斑。白斑长在什么地方就叫什么白,如蹄冠是白的叫蹄冠白。另外还有系白、管白、球白。四肢下部全是白色,叫踏雪(“雪里站”)。

(四)看 年 龄

马的自然寿命平均为 25 年,骡 30 年,驴骡 30～40 年,驴 30 年。马在 4～15 岁、马骡在 5～16 岁、驴在 3～15 岁时劳役能力最强。

因为马驴骡的年龄和它的使用价值密切相关,因此在选购时要鉴定其年龄。

1. 老幼马驴骡的外貌区别

马、骡的老幼从外观上可以判断出大概。如幼驹头大,颈短,身短而腿长,额部丰圆而突出,鬣短而直立,鬐甲低于尻

图 18　马头部白章

1. 额刺毛　2. 星　3. 流星　4. 窄流星　5. 长广流星
6. 白鼻梁　7. 鼻端白　8. 断流星　9. 白脸

部。驴在 1 岁以内，额部、背部、尻部往往生有长毛，毛长可达 5～8 厘米。

老龄马、骡的嘴唇下垂，多皱纹，眼窝塌陷，皮肤缺乏弹性，背腰软而下弯，动作不灵活，目光呆滞，额及颜面部散生白毛，前膝和飞节角度变小而多呈弯膝。

但是，只从外观上看还很不准确，应根据牙齿的变化判定年龄。

2. 马驴骡牙齿的数目、形状及构造

马驴骡的牙齿分切齿、臼齿和犬齿 3 种。公马、公驴、公骡有切齿 12 个，犬齿 4 个，臼齿 24 个，共 40 个。而母的没有犬齿，所以共 36 个牙齿。

上下颌切齿各 6 个。中央 1 对叫门齿（钳齿），两侧最外边的 1 对叫隅齿（边齿），夹于门、隅齿之间的叫中间齿。

幼驹出生后 1～2 周长出牙齿，叫乳齿（奶牙），2.5 岁以后才换成永久齿。在选购马、骡时，首先要分清楚是奶牙还是永久齿。奶牙的齿冠较短而宽，颜色洁白，齿颈较细，两牙之间的缝隙呈三角形，齿冠靠近嘴唇的那一面（唇面）有很多条细浅沟；永久齿个大而长，较窄，颜色发黄，齿冠唇面有 1～2 条深沟。

牙齿露出于齿龈外面的叫齿冠，埋于齿龈内的部分叫齿根，齿冠与齿根的连接部分叫齿颈。

牙齿由 3 层物质构成。牙齿最外面颜色发黄的一层叫垩质，它用来固定齿根和保护釉质。釉质层青白色，质地坚硬。釉质在齿的顶端形成一个漏斗状的凹陷，叫齿坎。齿坎上部呈黑褐色，叫黑窝。黑窝被磨损消失后，在切齿的磨面上可见有内外两个釉质圈，叫齿坎痕。牙齿最里面一层叫齿质，是牙齿的基础。齿中央有一条腔洞，叫齿髓腔，内有血管和神经。随着年龄的增长，齿髓腔中不断形成新的齿质，切齿就不断向外生长。由于齿髓腔上端不断被新的齿质填充，颜色较深，叫齿星（图 19）。

在选购马驴骡时，一定要分清哪是黑窝、齿坎痕或齿星，如果把齿星看成是齿坎痕，就会把老龄马判定为壮年马；如果当成黑窝就更错了。

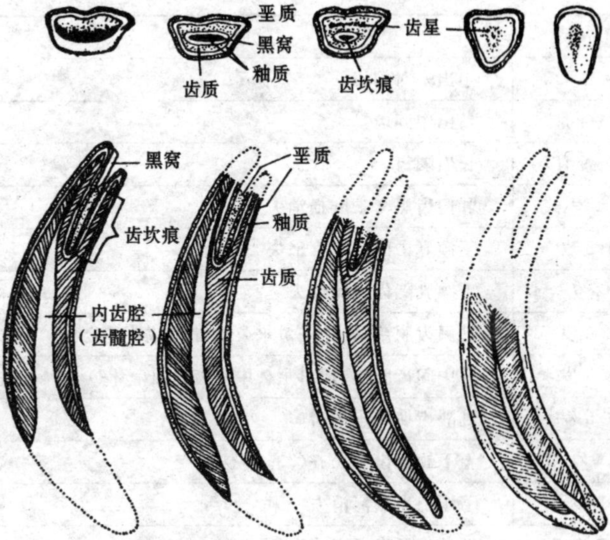

图 19　马切齿的构造(剖面及横断面)

从左到右年龄增长,切齿构造变化

3. 不同年龄时切齿的变化

随着马驴骡年龄变化,切齿的生长、脱换、磨损都发生有规律的变化。我们可以反过来根据切齿的变化来判定其年龄(表 1,图 20)。

表1　马不同年龄时切齿的变化

年　龄	切齿变化
生后1～2周	生出一对门齿
3～4月	长出中间齿
6～9月	长出隅齿
1岁	乳门齿黑窝被磨损消失
1.5岁	下颌乳中间齿黑窝消失
2岁	下颌乳隅齿黑窝消失
2.5岁	乳门齿脱落，长出一对永久门齿(俗称“两个牙”)
3.5岁	乳中间齿脱落，长出永久中间齿(“四个牙”)
4.5岁	乳隅齿换成永久齿
5岁	上下颌隅齿都长齐(“齐口”)
6岁	下颌门齿黑窝消失
7岁	下颌中间齿黑窝消失
8岁	下颌隅齿黑窝消失
9岁	下颌门齿齿坎痕由较宽长变成较小的三角形，有的上颌门齿黑窝消失
10岁	下颌中间齿齿坎痕呈三角形，门齿齿坎痕变得较圆，有时上颌中间齿黑窝消失
11岁	下颌隅齿齿坎痕像三角形，门齿齿坎痕变得很小，像个小圆圈
12岁	下颌门齿齿坎痕变得很小，并退到磨损面的后缘(靠近舌头那一面)，齿星为圆形，位于磨损面中央
13岁	下颌门齿齿坎痕消失
14岁	下颌中间齿齿坎痕消失
15岁	下颌隅齿齿坎痕消失，门齿磨损面呈三角形
16岁	下颌中间齿磨损面呈三角形
17～18岁	下颌颌切齿磨损面都呈纵椭圆形

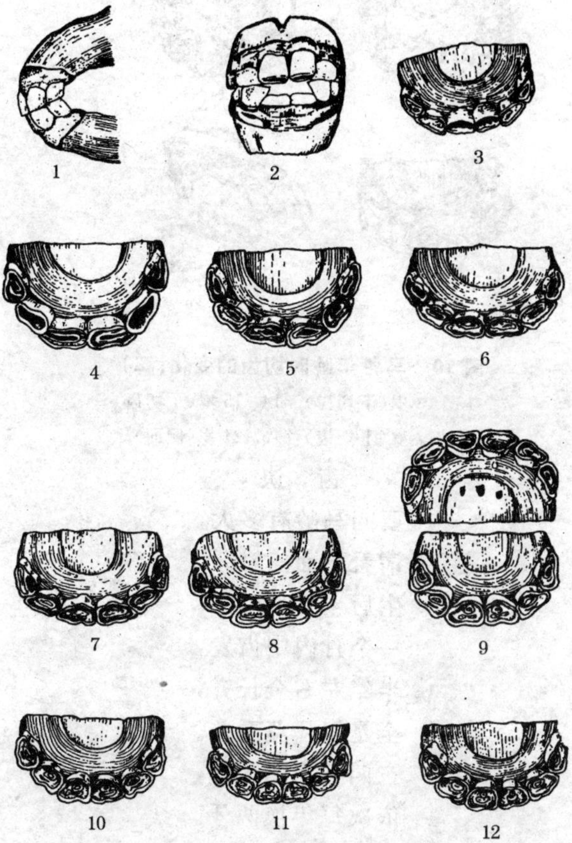

图 20　马各年龄时切齿的变化(一)

1. 2 岁(侧面)　2. 2 岁半(换门齿)　3. 3 岁(下切齿)
4. 4岁(下切齿)　5. 5 岁(下切齿)　6. 6 岁(下切齿)
7. 7岁(下切齿)　8. 8 岁(下切齿)　9. 9 岁(上下切齿)
10. 10 岁(下切齿)　11. 11 岁(下切齿)　12. 12 岁(下切齿)

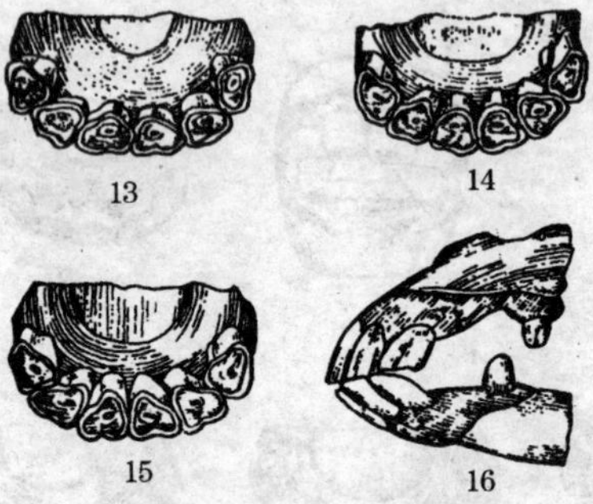

图 20　马各年龄时切齿的变化(二)

13. 13 岁(下切齿)　14. 15 岁(下切齿)

15. 17 岁(下切齿)　16. 21 岁(侧面)

齿　诀

要问马龄有多大，
请看下面三对牙。
生后半月长门齿，
一个月内中齿发，
半年左右全长齐，
全是奶牙莫看差。
三四五岁奶牙换，
依次每年换两牙。
齐口以后看磨损，
黑窝消失六七八。
九岁门齿坎痕像三角，
十岁坎痕赛芝麻，
十一岁像个小圆圈，
十二岁时粟粒大。

十三十四十五坎痕消，
磨面形状有变化。
磨面看来像纵卵，
肯定已有十七八。

要注意的是，骡的牙齿一般比较坚硬，采食量又比马少，因此磨损较慢。虽在奶牙换成永久齿阶段与马相同，但以后黑窝消失、齿坎痕消失都比马晚。因此，一般舍饲的役骡，5岁以前可按马的标准判断年龄，而6～9岁时要加1岁，10～15岁时加2岁，16～20岁时加3岁，这样比较准确。

驴切齿的黑窝和齿坎都比马深，黑窝约深1倍，一般驴的切齿黑窝可达12毫米。奶牙换成永久齿时的年龄与马相同，而黑窝消失、齿坎痕消失的时间都比马推迟3年。如马下颌切齿黑窝消失时间为6,7,8岁，而驴则为9,10,11岁。

根据牙齿判定年龄时，为避免误差，要做到：了解马、骡性别、饲养情况；了解马、骡的生理和病弱情况；分清乳齿与永久齿；从各方面进行综合判断。如有无黑窝、齿星位置、齿列状态、咬合角度、磨面形状等。

切齿异常时判定年龄的方法如下。

(1)切齿数目异常　马切齿有时不是6对。出现多或少的情况时，仍要按前述规律判定年龄。

(2)脱换时期异常　一般未成年母马，在饲养条件不良的情况下，若早配早产，能推迟乳齿脱落和永久齿的长出；马、骡在换齿期间生病，特别是佝偻病，也影响永久齿的长出。因此，对这类马、骡在判定年龄时要适当增加0.5～1岁。

(3)黑窝消失异常　可参考上颌隅齿前后缘磨损情况判定年龄。如上隅齿后缘已磨平，下隅齿仍残存黑窝，就是所谓黑窝过深的“通天渠”，我们只能根据齿坎痕形状变化阶段来判定，不能拘泥于黑窝必须完全消失。

(4)齿坎痕消失异常 在齿坎痕消失过早的情况下，可按磨损面的形状变化来判定。如下切齿齿坎痕全部消失，但门、中齿磨损面刚呈椭圆形（本来应相应呈三角形），隅齿还是横椭圆形，这就应判断为13岁或14岁，而不能判断为15～16岁；如下门齿齿坎痕已消失，而其他二齿齿坎痕还较大，就只能判断为12岁，不宜判断为13岁。

(5)上下颌咬合异常 如上颌长，下颌短，咬合呈"天包地"（如"鹦鹉嘴"）时，因下切齿的前缘磨损严重，而对黑窝或齿坎痕磨损机会少，所以应按正常判断齿龄再增加1～2岁；反之，下颌长，上颌短，呈"地包天"（如"鲤口"）时，则应减少1～2岁。

有咽气癖或啃癖的马，切齿全部或一部分磨损较快，应适当减少1～2岁。

(6)切齿齿质软 切齿为浅黄色，磨面中央凹陷深，俗称"粉渠"，判断时应适当减少1～2岁。

(7)终年放牧的马、骡 因采食粗硬饲草，切齿磨损较快，所以判定年龄时应适当减少。

（五）看体尺、体重

选马主要靠选择者的眼力和经验，但毕竟不是尺度，不是那么准确，所以在马匹注册登记制度、制订饲喂计划以及商业买卖中，都要测量马驴骡的体尺和体重以弥补眼力观测的不足，同时我们还可以精确地描述马驴骡身体各部位之间的关系，了解马驴骡生长发育、健康和营养状况，从而准确地选择马驴骡合理的饲养和利用方式。

1. 体尺测量

测量用具有测杖、卷尺、圆形触测器、角度计，一般只需用测杖和卷尺。

测量时，要使马、骡保持自然姿势，站在平坦的较硬的地面上，一般每个部位测 2 次以上，取平均数（图 21）。

(1)常用的指标和测量方法

①体高　从鬐甲顶点到地面的垂直距离。如果马匹站在水泥地面，可将测得的体高数减去马蹄铁的厚度（1.3 厘米）。国外，有的以掌作为马体高的度量单位，一掌等于 4 英寸，即 10.16 厘米。

②体长　从肩端到臀端的斜线距离。一般挽用马的体长比体高大得较多，乘用马体长值较小，稍大于体高值。

③胸围　在鬐甲稍后方，用卷尺绕胸一周的长度，可以看出胸部发育情况。应在马全身肌肉放松，呼吸平稳时测量，而不是在刚训练完和饲喂后进行，以免增大误差。

④管围　一般用卷尺测左前管部上 1/3 部最细的地方，绕一周的长度。说明骨骼的粗细。挽马管围最大，乘用马的最小。

马的体型是划分经济类型的主要依据。而体尺是判定马体型的根据。在鉴定马匹外貌之前，要进行体尺测量，计算体尺指数，在可能的情况下要称体重。通过这些资料的分析，结合外貌鉴别，正确判断品种类型。

体型主要决定于体长、胸围、管围对体高的比例关系。所以这 4 项指标必须测量。如果深入研究马匹外貌，还应测量其他体尺。各类型的马都有其一定的体尺指数范围。因此，不同的体尺指数标志着不同的体型。按照体型可以判定其经济类型。

(2)常用的体尺指数

①体长率　体长率＝体长/体高×100％，可鉴定马的体长与体高的对比关系。乘用马体长率小，一般在102％以下。所以体格外形近似方形。这样的体型，重心高，支持面小，有利于重心转移，便于发挥速度；重挽马体长率在106％以上，体型呈长方形，重心低，支持面大，有利于发挥挽力；兼用型马，要求速度耐力兼备，体长率在103％～105％之间。幼驹在生长过程中，体长率逐渐增大，发育不足的马，体长率则较小。

②胸围率　胸围率＝胸围/体高×100％，是鉴定马体相对宽度和深度的指标。挽用马胸围率最大，一般在122％以上，乘用马一般在116％以下，兼用马介于两者之间。

③管围率　管围率＝管围/体高×100％，是鉴定马骨骼发育的指标。在一定程度上，也能说明体质的坚实性，一般重型马的管围率最大，可达14％以上，乘用马一般低于13％，兼用型马介于两者之间。

④体重率　体重率＝体重/体高×100％，显示马的相对体重。乘用马体重率一般都低于300％，挽用马在350％以上，兼用马在310％～340％。

但应指出，体尺指数并不能完全说明马的体质和生产能力。同一品种的马，生活在不同的条件下，身体的发育不同，会使某些体尺指数发生变化。不同类型的马匹，各具特有的外貌，以及与其相适应的内部结构，而且在用途上也有所不同。例如乘用马和挽用马的外貌、体质以及个别器官的构造上，都有明显的差异。

2. 体重测量

一般用地秤测量。马的四蹄都要站在地秤上。应在早晨饲喂之前空腹进行，连续测量2天，取其平均数。体重可作为

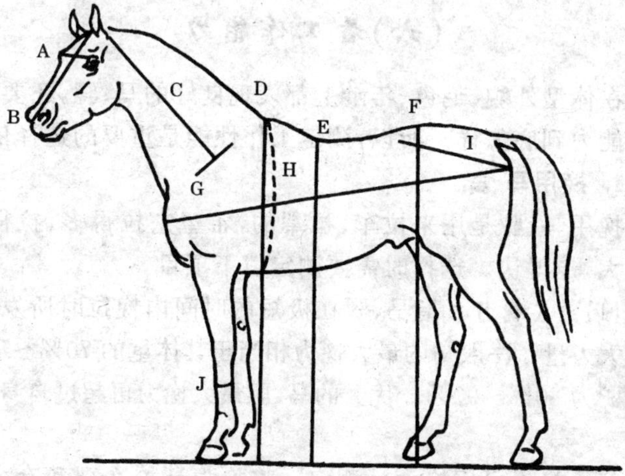

图 21　马体测量部位

A. 头宽　B. 头长　C. 颈长　D. 体高　E. 背高

F. 尻高　G. 体长　H. 胸围　I. 尻长　J. 管围

其饲喂量的一项指标。一般来讲，马每日的采食量占体重的 2.5%，如一匹体重为 500 千克的马，所饲喂干物质的量应在 12.5 千克左右。如果没有地秤，可用下列公式估算：

公式一：3 周岁以上，膘情好的马用此公式，也可用来估计驴的体重。

$$体重(千克)=\frac{胸围\times胸围\times体长}{10800}+25$$

不满 3 周岁或瘦弱马，将公式中的 25 改为 15。

公式二：小型马的体重(千克)＝胸围×5.2－505

公式三：大型马的体重(千克)＝胸围×6.4－689.6

公式四：骡的体重(千克)＝体高×2.38

（六）看工作能力

在体型外貌、毛色、年龄上都表现良好的马、骡，还要看其工作能力到底怎样。所以，测定工作性能是重要的选择依据。

1. 挽用马、骡

挽用马、骡是用来拉车、拉犁的，希望它拉得多，拉得重，力气大，走得快。选择时需要测定以下项目。

（1）**最大挽力** 指马、骡在极短的时间内挽拉时所发挥出的最大力量。一般马的最大挽力相当于其体重的70%～80%，骡和驴为80%～90%。优秀的马、骡最大挽力可超过自身的体重。

最大挽力可用挽力计测定。将挽力计拴在犁和套之间。测定时，犁铧逐渐增加入土的深度，人可哄赶，但不准鞭打，直到马、骡拉不动时为止，此时挽力计上指针的数字，就是最大挽力。也可以把挽力计拴在车和套之间，让马、骡拉车，边走边往车上加重，直到拉不动为止。此时的挽力就是最大挽力，车上的重量就是最大载重量，加上车重就是最大挽重量。

如果没有挽力计，可暂用最大载重量和最大挽重量各自与马、骡本身体重的比来进行比较。

（2）**挽力** 马、骡挽拽时克服运动中阻力所用的力量叫挽力。正常挽力是马、骡在正常状态下所付出的力量，一般马的正常挽力相当于体重的12%～15%、骡相当于体重的18%～20%、驴相当于体重的12%～14%。

如果没有挽力计，可用公式求得。胶轮车在不同路面上的阻力系数见表2。

挽力＝阻力系数×挽重（载重＋车重）

例如：在柏油路面上，一马拉胶轮车，载重2 000千克，车重 100 千克，则挽力为：

(2000＋100)×0.005＝10.5 千克

如在中等土路上，则该马的挽力为：

(2000＋100)×0.031＝65.1 千克

表 2　胶轮车在不同路面上的阻力系数

道路状况	阻力系数
柏 油 路	0.005
方块石铺平的路	0.011
良好的土路	0.013
中等的土路	0.031
不良的土路	0.086

耕地时的挽力与犁具、土壤性质、作业宽度和深度有关，用双轮双铧犁在不同土壤中的阻力系数见表 3。

表 3　不同土壤的阻力系数

土壤性质	阻力系数
黏　土	0.7
重砂质黏土	0.5～0.7
中砂质黏土	0.3～0.5
轻砂质黏土	0.3～0.4
砂 壤 土	0.2～0.3
砂　土	0.2

例如：一匹骡拉双轮单铧犁在平原砂质黏土地上耕地，耕深 13 厘米，耕宽 20 厘米，阻力系数为 0.4，则该骡的挽力为：

13×20×0.4＝104 千克

(3)作业速度　挽用马、骡还要求走得较快，所以要看作业速度怎样，一般讲，马的品种、类型不同，其速度有较大的差异。如本地马拉车慢步走时，每小时约走4千米，重挽马为5千米。在考虑马的作业速度时，可参考表4。

表4　东北地区马正常的作业速度　（千米/小时）

马的类型	慢步耕地	慢步运输	快步运输
重挽马一代杂种	4.2～4.5	5.8～6.3	8.5～9.9
乘用马一代杂种	4.0～4.2	5.2～5.8	6.9～9.5
本地马	3.0～3.2	4.0～4.7	

(4)持久力　挽用马、骡在拉车、耕地时，不易疲劳，步伐稳健有力。长时间劳役后体温、呼吸、脉搏在1小时内可恢复正常，很少影响食欲，就是持久力强的表现。这是很大的优点。

2. 骑乘马

对骑乘马的要求是跑得快，能持久。所以，对骑乘马要测定跑步和快步的速度和持久力。

一般测定快步和跑步1600米的速度。骑手和鞍具的总重量以60～75千克为限。持久力，可通过骑乘马100千米长途骑乘时的表现来测定。

赛马场测验可以客观地评价马的体质、外貌和工作性能。但赛马场测验要多代连续进行，它对马匹的选择、完善马的品种，改善马的有益性状，理想性状的形成都有重要意义。它是评定马匹优劣，对竞赛用马能力测验的最佳方法。

(七)看系谱和后代

马的选择不如其他家畜那样容易。因为马的遗传变异不易被发现，特别是工作能力这个主要经济性状，很难做到准确测验。同时，马的选择需要较长时间，它的第一代需要 4 年，第二代需 10 年才能看到经济性状。一旦选错，不易及时彻底纠正。因此要做到选择准确，不仅必须从上述各方面检查、测量个体，而且还要看这个欲选个体的详细资料，即家谱（系谱），分析该个体的来源、其祖先的品质。

亲代的品质可以影响后代。亲代当中以父母的影响最大，一般情况下，以上各代的影响逐代减弱。对于群体而言，公马的影响大，而对后代个体而言，母马的影响大。

当前，国际纯血马登记委员会要求，凡该委员会认可的纯血马登记机构在登记纯血马幼驹时，必须经其父母 DNA 检测进行亲子鉴定。即父母必须是已经登记注册的纯血马其子女才有资格登记，以后才能参加纯血马比赛。现我国已有纯血马登记委员会和 DNA 检测实验室。

在正常培育条件下，凡是祖先、双亲的外貌、生长发育、工作性能、繁殖性能好的，则这个个体一般是好的。所以，在选择马匹时必须进行系谱分析，研究其祖先的遗传性，来判断其优劣。

在选择种马、种驴时，还要根据后代的品质特征来看种畜的种用价值，看其遗传性能的好坏。这是作为淘汰或继续留作种用的可靠依据，此方法称为后裔测定。

后裔测定应尽早进行。一般在 2～3 岁时，给种公马、种公驴选配 10～15 匹同一品种、饲养管理条件相同的母畜，产下后代后，与其母亲在外貌、工作性能等方面进行比较，如果子女的品质比母亲高时，就可以认为该公畜是优秀的个体。也可以在同一年度、同一单位和同样的饲养条件下，比较不同公畜的后代。

根据后代的品质来选择母马或母驴时，可用第二、第三胎的后代各生产性能与母畜做比较。

总之，选择马、驴时，要尽量多参考几个指标，综合评定各方面的特点。

四、马驴骡的饲养管理

马驴骡都是草食家畜，靠采食草类及农副产品维持生命和进行生产活动。凡是能被家畜采食、消化、利用，对家畜无毒害作用的物质都叫饲料。饲料中含有的对家畜维持生命，进行生产活动有用的物质叫营养物质(养分)。我国地域辽阔，各地气候条件不同，饲料种类也不一样，而各种饲料中的营养物质含量也不相同。我们应掌握各类饲料的特点和马驴骡对各种营养物质的需要量，根据当地饲料条件选用和调制，粗细搭配，科学饲养。

(一)饲料主要养分及其作用

饲料中的养分主要有蛋白质、碳水化合物、脂肪、维生素、矿物质和水分。

1. 蛋 白 质

蛋白质是一切生命现象的物质基础。它不仅是组成马驴骡机体的重要原料，还维持机体的物质代谢。所以，它是不能由其他营养物质代替的。在饲养实践中，一定要注意蛋白质的供给，尤其是要满足幼驹、妊娠和泌乳母畜、配种期种公畜的需要。

2. 碳水化合物

主要是供给马驴骡能量需要。能量是马驴骡干活时的力量源泉。其次，碳水化合物是组成畜体的成分，剩余的碳水化合物还能转化成体脂肪贮存起来，以备饥饿时利用。

碳水化合物中包括粗纤维、淀粉和糖类。粗饲料中有许多粗纤维，虽然它不易被消化利用，但能填充胃肠，使马驴骡有饱腹感。它还能刺激肠的蠕动。所以，粗纤维也是重要的物质。

3. 脂　肪

是供给马驴骡能量的重要来源。脂肪在体内产生的能量是同等数量碳水化合物或蛋白质产生能量的2.25倍。脂肪贮存于器官的组织和细胞中。还是维生素A、维生素D、维生素E、维生素K和激素的溶剂，有利于这些物质的吸收和利用。但是，马驴骡对脂肪的消化利用不如其他家畜。所以，含脂肪多的饲料（如大豆）不要喂得过多。

4. 矿物质

包括钙、磷、钠、铁等。它们是畜体、骨骼的重要组成成分，是牲畜生长发育、正常代谢不可缺少的物质。如果矿物质不足、比例失调或喂得过多，就会发生缺乏症或中毒。

5. 维生素

虽然它不是能量来源，也不是构成体组织的成分，但它是维持正常生命活动必不可少的物质。它存在于各种植物特别是青绿饲料中，但含量很少，马驴骡对它的需要量也很少，但维生素是必不可少的营养物质，它可维持机体正常代谢，过多或过少都会发生中毒或缺乏症。

维生素包括维生素A、维生素C、维生素D、维生素E、维生素K和B族维生素等许多种，维生素A可促进胎儿、幼驹的生长发育，保护成年家畜黏膜健康；维生素D能促进对钙、磷的吸收，缺少它，幼驹骨骼发育不好，容易得佝偻病，母畜缺乏易得骨营养不良或产后瘫痪。

6. 水

水是重要的营养物质。畜体内一切化学反应都与水有关。马驴骡耐干渴的能力远比耐饥饿差。一般不缺水分，仅由于饥饿而牲畜体重减轻60%时，牲畜还能存活，但由于缺水，体重减轻达原体重的22%时，牲畜就会死亡。所以，任何时候都要供给马驴骡充足的饮水。

(二)常用饲料及调制方法

不同饲料种类含上述各类营养物质的数量也不一样。而饲料加工、调制的方法，不仅影响饲料中养分的含量，而且也影响马驴骡对饲料的消化、利用率。所以，我们应当了解有关饲料和饲养原理的基本知识，熟悉各类饲料的营养价值、特点以及加工调制的方法，才能做到合理搭配饲料，配合日粮，以满足马驴骡的营养需要，使其健康成长，减少疾病，发挥正常的生产性能。

1. 饲养马驴骡的主要饲料

(1)青绿饲料　各种野草、人工栽培的牧草、农作物新鲜秸秆和胡萝卜等块根、块茎，都属于青绿饲料。

青绿饲料的特点是含水量高，都在60%以上。因此干物质的含量就相对少。含粗蛋白质占干物质的10%～20%，并且容易消化和利用。含有丰富的胡萝卜素和B族维生素，钙、磷较多且比例也较合适。但这些饲料随生长阶段的进展粗纤维含量增多。总之，青绿饲料是一种营养相对平衡的饲料，在马驴骡的饲养中有重要作用。

要充分利用天然草地青草和田间杂草，可放牧，可刈割，尽量多晒制干草。采收时间和刈割晒制方法对青草的营养物质有很大影响。禾本科青草应在抽穗期刈割，豆科青草应在初花期刈割。晒制干草时，要防止阳光暴晒，尽量用阴干法，使其保持青绿颜色，有香味。

东北、华北地区，多在玉米孕穗期青割玉米空秆、茎梢，高粱半青黄期打底叶与麦秸混合喂马、骡。晋南地区将头茬苜蓿和麦秸分别铡碎混合，经碾压后晾晒，再堆起风干的调制干草的方法也很好。

由于青饲料含水量高，容易腐败和混入泥沙，所以应现喂现割，洗除泥沙。胡萝卜、饲用甜菜等多汁饲料喂前要洗净，切成小块饲喂。

对于使役的马骡，为满足其营养需要，防止腹泻，不能全部喂青饲料。

(2)粗饲料 是含粗纤维较多、容积大、营养价值较低的一类饲料。它包括干草、秸秆、干蔓藤、秕壳等。粗饲料的特点是粗纤维的含量高，不易被消化，粗蛋白质的含量差异很大。如豆科干草含粗蛋白质 10%～19%，禾本科干草含 6%～10%，而秕壳中仅含 3%～5%。粗饲料一般含钙较多而含磷较少。含维生素 D 较多，其他维生素较少。

常用的粗饲料有以下几种。

①野干草 主要是平原农区田间、路旁、地边的天然野草，山区、半山区的山草以及草原地区供晒制干草的牧草，在未成熟前收割，经风干或晒制而成。野干草以禾本科草较多，其中以羊草（碱草）的干草品质最好。它呈黄绿色，质地柔软，富含养分，具有香味。使役的牲畜在冬季补喂羊草，即使不给精饲料，也可照常使役。繁殖母马或母驴不负担使役时，如长年放牧，冬季供给充足的羊草，也可以保证正常繁殖。

②栽培牧草干草 分豆科青干草和禾本科青干草两大类。禾本科青干草主要有燕麦草、青稞草、苏丹草、黑麦草、大麦草等；豆科干草有人工种植的苜蓿、草木樨、箭筈豌豆等，种类很多，详见金盾版《牧草高产栽培》、《草地改良利用》和《饲

料作物高产栽培》。豆科干草品质优于禾本科干草。栽培牧草的干草品质又优于野干草。

③秸秆　这类饲草是农作物收获后晒干的茎秆、枯叶，是农村马驴骡的主要饲草来源。秸秆类粗饲料养分少，质地粗硬，营养价值较低。常用的有谷草、玉米秸、小麦秸、大麦秸、稻草、豆秸等。

④谷草　我国北方饲喂马驴骡的主要饲草。谷草含蛋白质比其他秸秆多，也比较松软、味甜、性温。但缺点是钙含量少，蛋白质也较少。如饲喂种公畜和繁殖母畜时，最好补充些苜蓿草、豆荚皮子、花生秧等。

将谷草铡成3厘米左右，筛净土后饲喂。

⑤稻草　我国南方饲喂马驴骡的主要饲草。营养特性与谷草相近。喂前要铡短，最好用清水淘洗干净。长期单饲稻草要注意补充钙。

⑥玉米秸　玉米秸性温、味甜、有清香味，但较粗硬。饲喂时铡成2厘米左右长，如能粉碎效果更好。将谷草和玉米秸搭配饲喂也是好方法。

⑦麦秸　有大麦秸和小麦秸，是我国北方农区饲喂牲畜的饲草。一般麦秸较粗硬，适口性差，最好掺入谷草，或用苜蓿草、糠麸等拌和饲喂。

⑧豆秸和豆荚皮　是冬季饲喂马驴骡的好饲草。味甜、性温、含粗蛋白质和钙很丰富。用豆秸或豆荚皮饲喂马驴骡时，牲畜喝水多，加之这些饲料在牲畜肠道中分解产生气体，容易造成臌胀。所以，最好掺一些谷草或稻草、麦秸饲喂。同时，要注意供给充足的饮水，经常供给食盐。

(3)精饲料　包括农作物的子实、糠麸类(也叫能量饲料)和各种饼粕类(也叫蛋白质饲料)。

精饲料含能量高，饼粕类含蛋白质丰富，粗纤维少，容易消化，马驴骡爱吃。主要介绍以下几种。

①玉米　味甜，碳水化合物含量多，能量含量高，蛋白质和维生素含量少，适合饲喂使役的牲畜或作为冬季饲料，抗寒保暖。喂前应压碎，最好与蛋白质、维生素含量多的饲料混合喂，以弥补养分不全。

②高粱　东北和华北的广大农民利用高粱作“硬料”饲喂马骡。高粱略有涩味，能量含量多，适合饲喂使役的牲畜。但单纯喂给高粱，牲畜易便秘，最好与麸皮、豆类混喂。碎粒比整粒饲喂效果好。黑壳高粱要先用温水浸泡，减少涩味。

③麸皮　含碳水化合物、蛋白质和磷较多，适口性好，容易消化。所以，农民把它叫“软料”。麸皮有轻泻作用。饲喂时加水拌草，喂量不可过多，最好与高粱混喂。

④大麦　含粗蛋白质较多，但维生素含量较少，较难消化。饲喂时必须压扁或粉碎成片。北方在冬季常将大麦煮成八成熟喂马驴骡。

⑤燕麦　西北地区多产燕麦。含蛋白质比较多，质地疏松，容易消化，适口性强。喂前应压扁或粉碎。

⑥谷子　谷子蛋白质含量与大麦相似，含有丰富的 B 族维生素和胡萝卜素。用粉碎后的谷子或浸泡后的小米饲喂种畜、幼畜和妊娠畜，有良好的作用。

⑦大豆、黑豆　是油料作物。含粗蛋白质 35%左右，蛋白质品质好，是营养丰富的蛋白质补充饲料。喂前要粉碎、煮熟或炒熟，以增进适口性，提高饲料利用率。有时可炒熟后压碎，当作香料撒在草上，以引诱幼畜吃草或使牲畜多吃草。北方在冬季可用盐水煮豆粒饲喂马驴骡。最好与禾本科子实混喂。

⑧豌豆、蚕豆　粗蛋白质含量比大豆少，但也是西北、华北、西南地区饲喂牲畜的好饲料。

⑨豆饼　是我国最常用的蛋白质饲料，含蛋白质40%以上，且品质优良，营养全面，味道芳香，是幼驹和繁殖公母畜必需的蛋白质饲料。在一般日粮中都要加一定量的豆饼。喂前要粉碎，用温水（夏天用凉水）浸泡两三个小时（1千克豆饼加水5升），以减少豆腥味。但要现闷现喂，喂量不要过多，一般不超过精料总量的1/3。

⑩豆粕　比豆饼适口性差，喂前应先蒸煮1小时，饲喂量要比豆饼少些。

⑪花生饼　也是马驴骡的好饲料，但喂量不应超过精料总量的20%。

⑫向日葵饼　喂前应粉碎、蒸煮或浸闷。

⑬棉籽饼　蛋白质含量仅次于豆饼和花生饼，但钙、维生素含量较少，是营养价值高于禾本科子实的好饲料。棉籽饼中含有毒的棉酚，饲喂前加3倍水煮沸1小时，喂量不能过多。

(4)矿物质饲料　对促进牲畜骨骼生长和维持正常代谢有重要作用，必须保证正常供给，对马驴骡来说，主要是食盐和含钙质的无机盐。

①食盐　饲喂食盐，不仅可以补充牲畜对钠、氯的需要，而且可以增强饲料的适口性，使牲畜多喝水，有助消化。夏季使役的牲畜更要补给食盐。饲喂量可占精料量的1%，或每日每头喂给20～50克。

②钙磷补充料　石粉、贝壳粉是含钙的矿物质补充饲料。经常用谷物子实或糠麸类饲喂牲畜时，更要注意补充石粉或贝壳粉。如果日粮中钙、磷都不足，应当喂给骨粉，因其中含钙、磷较多，同时钙、磷比例也适当。钙磷补充料的添加量为

精料的2%左右。

除上述几类饲料外，东北、山东等地用玉米秸或青绿饲料制成的青贮饲料，胡萝卜，鸡蛋，牛奶，小麻籽(线麻籽)等都是特殊的良好饲料，但受到地区限制或可在特殊情况下喂给(如喂给种公畜鸡蛋、牛奶)。

2. 饲料的调制方法

主要介绍以下几种。

(1)**稻草或麦秸的碱化处理** 是用石灰水使稻草、麦秸变得松软，容易消化，可提高适口性和消化率。方法是将秸秆铡短，装入水池或木槽中，将配制的3%熟石灰水或1%生石灰水倒入槽中(每100千克秸秆配300升石灰水，即1∶3的比例)，使草浸透、压实。经一昼夜后秸秆浸软变黄，捞出后沥去石灰水，即可饲喂。最好当天喂完，放置过久容易腐败。槽里的石灰水可连续使用，但每100升水需再加0.5千克石灰，当水变成褐色而有不良气味时需重新更换石灰水。

(2)**秸秆的氨化处理** 用含氨量15%的农用氨水氨化处理麦秸、稻草等。方法是每100千克秸秆用10升氨水均匀喷洒在上面。逐层喷洒，逐层堆放，最后用塑料薄膜封紧。也可以用3千克尿素溶解于60升水中，均匀喷洒在100千克秸秆上，逐层喷洒、压实，用塑料薄膜封紧。天气热时(15℃～30℃)经1～2周，天气较冷时经3～4周后即可饲喂。喂前揭开薄膜晾1～2天，使氨味挥发掉。

秸秆经氨化处理后，颜色变为棕褐色，质地变软。其采食量比未经处理的稻草或麦秸增加20%～25%，粗蛋白质含量有所增加，消化率提高。

(3)**青贮的制作** 青贮是一种长期保存青绿饲料、多汁饲料的好方法。青贮可以保存饲料大部分的营养物质，气味芳香，牲畜爱吃，可以弥补冬春季青饲料的不足，是饲喂繁殖母畜、瘦弱牲畜的优质饲料。

青玉米秸、青高粱秸、青燕麦、草地青草等都是制作青贮的原料，一般以玉米秸青贮为多。干的玉米秸、高粱秸也可制成半干青贮。

一般多用窖贮，这种方法简便，损失少，青贮品质较好。有圆窖和方形窖。窖的大小可以根据牲畜多少而定。每立方米的容积大约可以装玉米秸青贮料 440～450 千克。

青贮窖的地址要选在干燥、向阳、土质紧实、地下水位低、取用方便的地方。窖壁要求光滑、平直，便于原料下沉，不留空隙。

装窖是制作青贮的重要环节。要将秸秆类饲草铡成3～3.5厘米长，野草类可长些。要随收割、随运、随铡、随装窖。装窖时要均匀，随装、随踩实、压紧，特别是靠近窖壁的地方要多踩压几遍。踩压越紧，青贮料的质量越有保障。

因为饲料要慢慢下沉，所以，装窖时要使青贮料高出窖口 1 米左右，堆成馒头形。

封窖时，先盖上塑料膜，再铺上 20 厘米厚的盖草，然后加土封盖，堆土在 60 厘米以上，呈馒头形。要注意封严、不透气、不渗水。最后拍打光滑，四周挖排水沟。

封窖后要经常检查窖顶，发现下陷、有裂缝要及时加土封严。

一般封窖后 40～50 天就可取用。要逐层或逐段取用，随喂随取，取料后马上盖好窖口。

养 1～2 匹马、骡的农家，可用 0.1 毫米厚、直径 60～70 厘米的筒式塑料布 1.7～2 米，一头用绳扎紧，翻转过来做底，以便装料。方法是边装料边踩实，装满后用绳扎紧。放置在较温暖的地方，经 1～2 个月便可取用。一般 1 袋可贮料 100 千克，1 匹马贮 10 袋就可在青草缺乏期每日保证喂 5 千克青贮料。详见金盾版《饲料青贮技术》。

优质青贮料应为青绿色或黄绿色，稍带香酸味，质地较柔软、湿润。凡是黑绿色、灰褐色或发白、气味发臭、粘结在一起的青贮料都不能喂马驴骡。

初喂青贮时，马驴骡不喜欢吃，可在上面撒些精料诱食，习惯后喜食。马、骡一般每日可喂 2.5～5 千克，种公马、幼驹每日喂 2.5 千克，妊娠后期的母马喂 2.5 千克以内，驴每日 1～2千克。

(4) **发芽**　大麦、燕麦发芽后，糖分、维生素、酶类增多，可作为冬季的青绿饲料使用。

发芽方法是，用清水把麦类子实浸泡一天，每隔 3～4 小时换水 1 次，换水时把籽实晾半小时后再加水。浸泡后放在长 100 厘米、宽 50 厘米、高 5～6 厘米的盘中，摊放的厚度为 3 厘米左右。每隔 3～4 小时喷水 1 次，并仔细搅拌。从第三天起，每隔 6～8 小时喷水 1 次，但不搅拌。6～8 天时，麦芽翠绿、有清香味、味稍甜时即可用来饲喂。喂量要逐渐增加。妊娠后期的母马、母驴每日可喂 0.5 千克，种公畜每日喂 1 千克左右。

(5) **干草的调制**　干草是马、骡舍饲期的主要饲料，制备大量品质优良的干草，以保证全年饲料的均衡供应，是稳步发展养马业的重要措施。

调制干草就是使青草中的水分迅速降低，干燥到能够贮藏的程度。能堆贮的干草要求含水量在 14%～17%，水分超过 17%的干草容易霉烂腐败，过分干燥的干草，叶片容易碎落，使养分受损失。

我国广大地区主要采用自然干燥法晒制干草。一般将刈割后青草摊在地面暴晒，当水分迅速减少至50%～55%时，将青草搂成长条形或小堆，以减少暴晒面积，当水分降至20%～25%时再并成大堆，继续干燥，此时一方面可减少养分的破坏，同时在大堆中产生发酵作用，使干草产生香味。有条件的地方可利用草架干燥，特别是多雨地区。

晒制禾本科干草时，要在抽穗期或开花期，选择3～5天内均为晴天早晨露水消失后收割，割后在原地平铺暴晒。待草表面干燥枯萎时，搂成草趟子，继续风干；连晒1～2天，再堆成小堆或小垄；过1～2天晒至半干时即可堆成大堆继续风干，直至充分干燥后堆成垛保存。要注意防止雨淋和发霉变质。贮存水分不高于15%。

晒制苜蓿干草，要在孕蕾期、初花期，选择3～5天内晴好天气收割，割后即搂成趟，当天晚上堆成小堆。第二天露水消失后，摊成30厘米厚，每晒2～3小时翻动1次，傍晚再堆成大堆，第三天继续翻晒，几天后可成。贮存水分不高于15%。

国外已采用人工干燥法调制干草，在专门干燥室（机）内进行，在800℃～900℃下经几秒钟即可完成干燥。人工干燥法可使草90%～95%的养分得以保存，维生素保存量亦较高。

调制好的干草应堆垛贮藏。有条件的可打成草捆，以减少贮存空间，便于运输。

干草的质量要求为，优质干草应具有草芳香味，呈鲜绿色或淡黄绿色，保存较多的叶片，质地柔软。

（三）合理配制马驴骡的日粮

根据不同体重、年龄、使役程度和不同生理阶段（如妊娠、哺乳）马、骡的营养需要量，将不同种类和数量的饲料合理搭配，配制成一昼夜所需要的各种精、粗饲料的总量就叫日粮，这种饲料选择、搭配的过程叫日粮配合。凡能全面满足牲畜生活、生长、使役、繁殖等营养需要的日粮就叫全价日粮。只有配合出合理的日粮，才能做到科学饲养，提高经济效益。

在配合牲畜的日粮时，要因地制宜，充分利用本地的饲料资源，以降低饲养成本。饲料要多样化，尽量利用粗饲料和青绿饲料，而精料要尽量搭配开，以便养分互相补充，提高利用率。还要注意饲料的适口性，要注意加工调制方法，使日粮新鲜可口，并要定期更换日粮组成，以提高牲畜的食欲。

季节不同，使役程度不同时，要适当调整日粮。活重时多给料，活轻时少给料，多给草，农闲和放牧时不给料。天冷时多用玉米、高粱和麸皮等能量饲料。

按照配合日粮饲喂牲畜时，要细心观察牲畜的膘情状况、粪便颜色及软硬程度、消化情况，还要看它爱不爱吃，是否剩草料过多。如经一段时间饲喂后，牲畜膘情下降，体重减轻，干活时很容易疲劳，就要调整日粮，增加精料和优质干草，减少粗料及劣质秸秆，尤其要增加能量和蛋白质含量多的饲料。

一般在配合日粮时，根据马、骡的正常挽力，把劳役状况分为 3 个等级：挽力占体重 10％以下时为轻役，占体重 10％～15％时为中役，占 15％～20％时为重役。不同使役状态下的马、骡日粮配方见表 5。

表 5　体重 300～400 千克役用马、骡日粮配方　（单位：千克）

作业种类	玉　米	高　粱	谷子或燕麦	麸　皮	豆　饼	蚕豆或豌豆	合　计	混合干草	食盐（克）	石粉（克）
重　役	1～1.5	0.75～1.0	0.5	—	0.5	0.5	3.25～4.0	8.5～10.0	40	40
中　役	0.75～1.0	0.5～0.75	0.5	—	0.75～1.0	—	2.5～3.25	8.5～9.5	35	35
轻　役	0.5～0.75	0.5	0.5	0.25	0.5～0.75	—	2.25～2.75	8.0～9.0	35	35
妊娠后期或哺乳期	1～1.5	1.0	—	0.5	—	0.75～1.0	3.25～4.0	8.5～10.0	40	40

（四）饲喂原则和方法

根据马驴骡的消化生理特点，结合民间经验，饲喂牲畜时应掌握以下原则和方法。

1. 按畜种和个体分槽定位

由于马驴骡各有不同的采食特点和习性，即使同是马也因个体的年龄、个性不同，混槽饲喂容易发生饥饱不均、膘情不匀等现象。所以，应该按性别、老幼、个体大小、采食快慢以及性情不同分槽定位饲养。临产母畜或当年幼驹要用单槽。哺乳母畜的槽位要宽些，便于幼驹吃奶和休息。

2. 按季分顿，定时定量

根据季节、农活的种类、使役的轻重以及使役时间长短，竞赛马要根据处于休闲、训练或竞赛等不同状态，确定每日的饲喂次数、饲喂时间和饲喂量。如冬季天冷夜长，农活较杂，就要分早、午，晚、夜饲喂 4 次；春季农活重，夏季夜短天长，天气炎热，正是蹚地时期，每日要分早、午、晚和上下午中间歇息时喂 5 次；秋季虽然农活较重，但天气凉爽，在干活时牲畜可以吃到粮食或秸秆，所以只需每日喂 3 次。

每日饲喂的时间、喂量都要固定。“定时定量，牲畜肥壮”。采食过量或不足，都有损于健康、膘情和使役。正如大家常说的“饥没劲，饱没劲，不饥不饱才有劲”。

3. 看槽细喂，少给勤添

“同样草，一样料，不同喂法不同膘”，说明饲喂方法的重要性。

每次饲喂时要先喂草，后喂加水拌料的草。每次给草料不要过多，少给勤添，使槽内既不剩草也不空槽，牲畜越吃越爱吃。精料要由少到多，逐渐减草加料。拌料时要撒匀拌匀，做到“有料没料，四角拌到”，最后再撒喂粒料。由于驴对饮水量要求不多，拌草时用水不要过多，使草粘住料即可，这一点与马、骡稍有不同。

还要根据牲畜的具体情况，适当调整草料种类和数量。如老、弱的马、骡，要多给些软料，壮龄或使役重的多给些硬料。

4. 给足饮水

俗话说“草膘，料力，水精神”，说明水很重要。应根据草料种类、天气情况、农活的轻重供给牲畜充分的饮水。一般每日给水 4 次，天热、活重时，可在早饲后、午饲前后、晚饲前和夜间各给水 1 次，共饮 5 次水。

饮水不能过急，要“饮水三提缰”，饮水急了容易发生呛肺和腹痛，特别是在牲畜刚干完活就立刻饮水，更易发生腹痛。应当在牲畜消汗后再饮水。

水槽或水桶位置不要过高，以免呛水。水要清洁、新鲜。在寒冷冬季最好不饮过冷的水。

5. 饲养管理程序和草料种类不突然改变

草料种类或数量如需要改变时要逐渐进行，以防因短期内不习惯而造成消化功能紊乱。如突然给大量青草或豆科饲料时牲畜就会腹泻或发生胃扩张和腹痛。饲养管理程序是根据牲畜生理阶段、用途、年龄等制订的，一经确定不能随意改变，进入不同生理阶段时应缓慢过渡，使其适应。上述原则和方法，适合于各种牲畜。

种公畜和母畜用来配种、繁殖，各龄幼驹正处于生长发育的重要时期，所以，它们各有不同的生理特点，对饲养管理也有不同的要求，要区别对待。

（五）种公畜的饲养管理

1. 种公马的饲养管理

饲养种公马的目的是用来配种繁殖。饲养管理方法和利用情况直接影响种公马的体况、性欲、精液品质，直接关系到配种数量、利用年限、母马或母驴的受胎率，关系到马群的数量和质量。所以，种公马的饲养管理非常重要。

(1)配种准备期(1～2月份) 此期的饲养管理重点就是保持公马的强健体况，养精蓄锐，减少体力消耗，为完成配种任务做好一切准备工作。

饲养上要注意蛋白质和维生素的供给，逐渐增加精饲料喂量，减少粗饲料的比例，适当给予豆饼、胡萝卜、大麦芽等。特别是对精液品质不良、瘦弱或有慢性疾病的种公马，更应加强饲养管理，精心照料，使其尽早恢复健康。

管理方面要注意运动量的掌握。一般情况下，要适当减小运动强度。乘用种公马配种前1个月，可每日骑乘2～3小时，但不要让其跑步。挽用种公马运动时，要减少快步时间。但对体况较好的马，则需要加强运动，以免因运动量不足身体过肥而降低配种能力。

为了正确判断种公马的配种能力，在配种准备期要了解种公马以往的配种记录、膘情等。要进行种公马精液品质的检查。方法是每隔24小时连续采精3次，放在显微镜下检查精液。如采精时射出来的精液量达100～150毫升，精液呈乳白色，精子活力在0.7以上，密度为1亿～2.5亿个/毫升，存活时间达到50小时以上，则为正常。如达不到这一标准，就要查明原因，及时改善饲养管理。经10～15天后再检查1次，直到精液合乎标准为止。

对所有的种公马（尤其是第一次参加配种的青年种公马）必须做好交配或采精的训练工作，以免发生拒绝交配、不射精等现象。对有恶癖（如踢人、咬人）或性情暴躁的种公马要细心调教和纠正，使它习惯交配或采精。某些性功能衰退（如阳痿、射精困难等）是由多种原因造成的，如营养不良、缺乏运动、交配过度、假阴道温度过高或过低等，要查明原因，加以纠正。

(2)配种期(3～7月份) 此期种公马一直处于性活动的紧张状态，体力消耗很大，必须保持饲养管理工作的稳定，不要随意改变日粮、运动量和饲养程序，保持种公马的种用体况、旺盛的性欲和优良的精液品质。

种公马的粗饲料最好选用优质的禾本科和豆科（应占1/3）混合干草，青草期可用青割饲草（苜蓿最好）代替部分干草，但饲喂量不可过多，以防止种公马腹部过大，有碍配种。要及早喂给野草、野菜、嫩枝叶、胡萝卜、大麦芽，不但可提高适口性，而且可补充维生素和蛋白质，有利于精子形成和保持性欲。

精料可以燕麦、大麦、麸皮、小米为主，配合豆饼或豆类，要尽量多样化。大约每20天调整1次日粮中精料的组成部分，以增进食欲。日粮中加5～10个鸡蛋或部分牛奶、肉骨粉等动物性饲料，更能提高精液品质。

配种期种公马的日粮可参考表 6。

对隔日采精配种的种公马，精料喂量不应过多。要注意观察公马采食和消化情况，必要时加以调整。

表 6　种公马配种期的参考日粮配方　（单位：千克）

马匹类型	配方序号	麦类	麸皮	玉米和高粱	豆类	小米和稗子	合计	禾本科牧草	谷草	胡萝卜	食盐（克）	骨粉（克）
	1	2.0	1.0	1.0	1.5	1.0						
重型马	2	—	1.0	2.0	1.5	2.0	6.5	10.0	2.0	3.0	70	50
	3	—	—	2.0	2.0	2.5						
	1	2.0	1.0	—	1.5	1.0						
轻型马	2	—	1.0	1.5	1.5	1.5	5.5	8.0	2.0	3.0	50	30
	3	—	—	2.0	1.5	2.5						
	1	1.5	1.0	1.0	1.5	—						
杂种马	2	—	1.0	1.5	1.5	1.0	5.0	8.0	2.0	2.0	50	30
	3	—	—	2.0	1.5	1.5						

注：按重、轻、杂 3 种类型可分别喂给麦芽 1.5 千克，1 千克，0.75 千克

管理上要使种公马进行适当而有规律的运动，千万不可忽轻忽重，更不要让其做跑步运动。均衡的运动是提高种公马性欲和改进精液品质的重要措施。生产实践表明，日粮、运动和采精（或配种）三者要密切配合。如配种初期，运动量要稍大些；配种旺季，应改进日粮的品质，运动量要稍减轻。一般乘用马每日运动 1.5～2 小时，行进 15 千米左右；挽马可拉车或拉爬犁运动，每日运动 2～3 小时，用占体重 10% 的挽力拉爬犁，行进 10 千米左右，上、下午各 1 次。运动时要快、慢步相结合，先慢，中间快慢结合，最后以慢步结束。以马耳根、肩膀头和着鞍挽具部位出汗为度。每次运动结束前约 20 分钟，慢步回圈或拴系。出汗未干时，不揭鞍，汗

消后卸鞍，搓揉公马四肢腱部。如有特殊情况不能运动时，必须减少精料喂量1/3以上，加强刷拭。天热时要在早晚运动。老龄种公马要减轻运动量，可进行放牧或逍遥运动；过于肥胖的种公马要适当减少精料，控制干草喂量，逐渐增加运动量，使其达到中等膘情。

种公马应养在宽敞、光照适宜、通风良好的单圈内，不拴系，让其自由活动和休息。早晚要尽量在圈外拴系。做好圈内外清洁卫生和防疫消毒工作。严禁外人接触种公马。

对种公马的粗暴管理会抑制性反射，造成精液品质下降。必须严格遵守饲养管理制度、采精制度和作息时间（表7）。

表7　配种期每日配种（或采精）2次的重型种公马作息时间表

时　间	饲养管理内容
3：30～4：30	测体温，饮水，投草
4：30～5：30	早饲，投草
5：30～6：00	轻刷拭，准备运动
6：00～7：30	第一次运动
7：30～8：30	用草把刷拭，休息，准备采精
8：30～9：00	第一次配种
9：00～10：40	休息和自由运动
10：40～11：40	饮水，投草
11：40～13：00	午饲，投草
13：00～15：00	自由运动，刷拭
15：00～16：00	第二次运动
16：00～16：30	刷拭，休息
16：30～17：00	第二次配种

续表 7

时　间	饲养管理内容
17：00～17：30	休息
17：30～18：00	测体温，饮水，投草
18：00～19：30	晚饲，投草
22：00～22：30	饮水，投草

(3)体力恢复期(8～9月份)　也叫静养期。这段时间主要是使种公马恢复到配种前的体力和营养水平。一般需要4～8周马的体力才能恢复过来。

饲养上要减少精料喂量(可减到原量的1/3～1/2)，给予燕麦、麸皮等易消化的饲料，增加青玉米、青草等青绿饲料。青草中加1/2青秣食豆、青苜蓿最好。也可以每日放牧2小时。

管理上不要因配种结束而放松，要注意保持舍内通风、干燥和清洁，注意防暑，减轻运动量和强度，增加逍遥运动时间。乘马每日运动1～1.5小时，挽用马每日2～2.5小时。

要全面进行种公马的健康检查，对个别瘦弱的应细心饲养，尽快增膘复壮。

(4)锻炼期(10～12月份)　种公马体力恢复后，正处于秋高气爽的季节，应采取一切措施，使其肌肉坚实，体力充沛，精力旺盛，为来年的配种打下良好基础。

增加精料饲喂量，比恢复期每日多1～1.5千克精料，多用玉米、高粱、麸皮等含能量高的饲料。

使役时可增加作业量，达到中等劳役程度，逐渐增加运动时间和强度。乘用马每日1.5～2小时，距离为20千米左右；挽用马每日运动2～3.5小时，行进13～14千米；重型公马可每日运输作业6小时以内，隔2～3日休息1天。

2. 种公驴的饲养管理

养好种公驴的标志是保持不肥不瘦的种用体况，有旺盛的性欲，能产生量多质优的精液，以保证高的受胎率。

饲养上应注意的首要问题是加强营养，主要体现在饲料的质量上。日粮中要减少饲草比例，增大精料比例，增加蛋白质饲料。配种任务重时，要增加鸡蛋、牛奶等动物性饲料，每日给食盐 30～50 克，贝壳粉或石粉 40～60 克。

一般大型种公驴在非配种期，每日喂谷草或优质干草 5～6千克，精料 1.5～2 千克；中型种公驴喂干草 3～4 千克，精料 1～1.5 千克。进入配种期前 1 个月开始减草加料。大型驴喂谷草 3.5～4 千克或大麦芽 0.5 千克。日粮配方可参考表 8。

表 8　大型种公驴的参考日粮配方　（单位：千克）

时期	配方序号	大麦	麸皮	豆饼	玉米	高粱	谷子	合计	谷草50%野干草50%	青草	胡萝卜	食盐(克)	骨粉(克)	石粉(克)
配种期	1	1	0.75	1	—	—	1	3.75	3.5～4	10	2	50	75	50
	2	—	1	1	—	1	—	3	3.5～4	10	2	50	75	50
	3	—	1	1	1	—	—	3	3.5～4	10	2	50	75	50
非配种期	1	1.5	0.5	0.5	—	—	—	2.5	5～8	10	2	30	60	40
	2	—	0.5	1	—	1	—	2.5	5～8	10	2	30	60	40
	3	—	0.5	1	1	—	—	2.5	5～8	10	2	30	60	40

注：配种旺季可增加鱼粉 50～80 克，或鸡蛋 3～5 个，或牛奶 0.5～1 千克，体重较小的公驴应减少草料给量。整粒饲料要粉碎饲喂

管理上最主要的是加强运动，防止过肥，但要注意运动、

营养和配种利用三者密切配合。加强营养而运动不足，会使种公驴过肥，性欲减退；运动过度，体力消耗过大，也会使配种能力下降，体力减弱。因此，种公驴的运动量要掌握好，每日可骑乘运动 1.5～2 小时或干轻活 2～3 小时，但配种或采精前后 1 小时应避免剧烈运动。

每日结合刷拭，用温水清洗和按摩睾丸 15 分钟左右，有助于精子形成和提高活力。每日饲喂结束后，应尽量使种公驴自由活动或在户外拴系，接受日光浴。夏季要防止日晒中暑。

青年种公驴每日可采精或交配 1 次。壮年种公驴每日可交配 2 次，两次间隔 8～10 小时，每周休息 1 天。饲喂后或刚饮完水，不应立即交配。每次交配结束要牵遛 15～20 分钟。

（六）繁殖母马、母驴的饲养管理

农村的母马、母驴都使役。空怀的时候，其营养需要和使役时一样。饲养良好的标志是膘情中等，能按时发情，发情规律正常，配种容易受胎。所以，在繁殖季节，对繁殖母畜要加强饲养，适当减轻使役强度，保证达到七成膘。

妊娠的母畜要保障胎儿的生长发育，又要使役；哺乳母畜则要泌乳，喂养幼驹，所以，应根据母畜不同的时期，日粮进行适当调整。

母马和母驴适配期为 2 岁，性成熟的母畜常出现食欲减退，兴奋或游走，接近公畜或爬跨其他母畜，公畜爬跨时站立不动等发情表现。发情表现是确定配种或输精时间的依据。相邻两次发情的间隔天数为发情周期，母马发情周期为 21～23 天。母马、母驴经交配或输精以后，如果卵子与精子结合就叫受精。受精卵进入子宫，在子宫着床、发育成胎儿，这个过程叫妊娠。

一般来讲，如在下一个发情期不发情或拒绝交配就可能是妊娠了。但为了做到早期确切地诊断，最好请配种站做妊娠诊断。

马、驴妊娠后，随着胎儿生长发育和激素改变等生理上的变化，代谢和习性也发生变化。如母马呼吸快而粗，食欲增加，食量和饮水增多，排尿次数增加，膘情明显好转，乳房和乳头增大，性情变得温驯，不爱活动，走路小心，有的马下肢、腹下或后躯有水肿。

1. 妊娠母马的饲养管理

母马的妊娠期11个月左右。妊娠期间要加强饲养管理，保证母马本身营养良好和胎儿的生长发育，胎儿不流产，分娩顺利，幼驹健康结实，产后泌乳量多，能满足幼驹的需要。

妊娠的最初3个月，胎儿较小，需要的营养水平不高。这时的日粮可大致与空怀母马一样，但质量要好些。要多给些优质干草和蛋白质含量较高的精料。

妊娠4～8个月，胎儿生长发育加快。前8个月胎儿体重可达初生重的1/3，胎儿的心、肺、脑等重要器官在这段时间发育最快。所以，每日给母畜补饲0.5～1千克精料，增喂优质青干草。有条件的地方可以在渠沟两岸、路边草地放牧，尽量多吃些青草。

妊娠9～11个月时，胎儿的生长速度更快，这3个月里要完成初生重的2/3，母畜每日可增重0.4千克。所以，此时期母马食欲显著增强，营养需要很多。每日要增加1～2千克精料，适当减少粗饲料，增加饮水次数。

分娩前10～15天，要逐渐减少饲料喂量，喂量可为每100千克体重1.5～2千克，停喂豆科牧草和易发酵饲料。精料中要多喂些麸皮、燕麦和适量的豆饼。接近临产的1～2天，饲喂量可减到平时的一半，以免采食过多，压迫胎儿，甚至引起流产。要注意饮温水（9℃～11℃），每次饮水量不要过多。

这里需要指出的是，不能把妊娠母马当役马对待，完全按农活轻重来安排草料。如冬闲季节，虽然没有多少农活，但这时正是胎儿生长发育最快，需要大量营养的时期；而春季农活很重，又是胎儿较小，不需要较多营养的时期。所以，在安排草料的数量和质量时，要结合妊娠母马营养需要的特点和农活轻重两个方面考虑。另外，对初次妊娠的青年母马，因其自身还处在发育阶段，应适当补加饲料。不使役的妊娠母马应注意加强运动。

妊娠母马的管理，主要目标是保胎防流产。农村母马流产主要集中在 3 个阶段。第一阶段是盛夏伏天的早期流产，多发生在妊娠后 1～2 个月间，占流产总数的 10％，往往不易察觉，多是因为子宫、卵巢有炎症，或是营养差造成。第二阶段是秋季农忙季节，在 9～11 月间，妊娠 4～5 个月，占流产总数的 60％～70％，多因使役过度造成。第三阶段是翌年早春流产的，发生在 2～3 月份，妊娠 9～10 个月，占流产总数的 20％～30％。所以，秋末冬初是保胎的关键时期。

流产的原因主要是饲养管理和使役不当。营养不良是流产的最基本的原因。如饲料不足，蛋白质、维生素和矿物质不足，或者是长时间日粮中各种营养比例失调，可造成营养性流产。日常管理不当，对马不耐心，粗暴对待，马受惊、狂跑、跳沟坎、踢咬、撞挤或滑倒，暴饮暴食，吃发霉或有毒的饲料，长期使役过重，劳逸不均，在使役时急剧运动、驾辕、急转弯等，都可能引起流产。此外，受寒冷刺激，患便秘、腹泻，严重外伤等疾病也可造成流产。

总之，流产的原因虽然很复杂，但是，抓好饲养、管理和使役，就能防止流产。

2. 妊娠母驴的饲养管理

母驴妊娠期一般为365天，随母驴年龄、胎儿性别和母驴膘情好坏，妊娠期可前后相差10天左右。

母驴受胎后最初1个月内，胚胎在子宫内还处于游离状态，遇到不良刺激很容易被吸收造成流产。所以，此期最好停止使役，待1个月后可照常使役。妊娠6个月后，胎儿增重明显加快，要加强营养，增加蛋白质饲料和优质饲草的饲喂量，有条件的地区可以放牧，减轻使役。妊娠后期，如果饲料品种单一，精料少，缺乏青绿饲料，又不干活，不运动，往往引起肝脏功能失调，形成高血脂及脂肪肝，产生有毒的代谢物质又排不出体外，引起妊娠毒血症。临床症状是产前不采食，俗名又叫产前不食症，死亡率很高。因此，在妊娠后期，要及早补喂青绿多汁饲料。产前几天，草料总量应减少1/3，多饮温水，每日牵遛。

驴在妊娠期间，管理上要特别注意保胎防流产。驴早期流产多发生于农活繁重的季节，后期流产多发生在寒冷的冬、春两季。防流产的措施与妊娠母马相同。

3. 哺乳母马的饲养管理

对哺乳母马要做好以下工作。

(1)**母马分娩前的准备工作** 北方早春气候寒冷，因此要有产房。产房要温暖、干燥、无贼风、光照好。产前1周把产房打扫干净，地面用石灰消毒，铺上垫草，母马在产房待产。加强护理，注意观察母马的临产表现。

准备好接产用具和药品，如剪刀、热水、药棉、毛巾、消毒药品等。如无接产条件，可请兽医接产。

母马妊娠期11个月左右，配种时要做好配种记录，据此推算预产期。采用“减 1 加 1”的方法推算，就是最后一次配种的月份减 1，日数加 1。如今年 4 月 10 日最后一次配种，那么预产期就是明年的 3 月 11 日。虽然可能因马的品种、年龄、营养、幼驹的性别而稍提前或错后，但相差不大。

(2)**母马产前征候** 要注意观察母马的临产表现。母马产前 1～2 天，阴门肿胀、松弛，流出紫褐色黏液。乳房胀大下垂，乳头膨胀，有不同程度的漏乳现象。臀部肌肉明显松弛、凹陷。临产前，母马食欲大大降低，甚至拒食。产前 1 小时左右，母马一阵一阵地站立不安，甩尾，回头看腹部，时常排粪、排尿，多数马在临产前全身出汗。

(3)**接产和产后护理** 母马多在半夜时产驹。正常情况下，母马都是躺卧着产驹，也有的站着产驹，这时要注意保护幼驹，以免摔伤。胎儿产出前，母马阴门中流出少量黏稠的液体，叫胎水。5 分钟左右可露出白色的胎膜，像个球，还能看到胎儿的小蹄子。这时，接产人员应用来苏儿水消毒手臂，及时进行产道检查，判定胎位是否正常。如果胎儿两前肢(蹄底向下)和头在外称中头位，或两后肢(蹄底向上)在外叫臀位，都是顺着产道的，就是正常胎位，此时，可任马自然分娩。如果胎膜未破，可用手撕破。胎儿过大时可以抓住其下巴、耳朵和两前肢，随着母马用力努责时向外拉出。如是臀部先出来，应由 2～3 人尽快将胎儿拖出。胎位如果不正常，要请兽医处置。

胎儿头部露出后，要用毛巾把胎儿口鼻内的黏液擦干净，以免黏液被吸到肺内。胎儿产出后，如果脐带没断，接产人员可用膝盖压住胎儿肩部，用手握住脐带向胎儿方向捋挤，使脐带内血液流入胎儿。然后，在离胎儿腹壁 2～3 指处用手掐断脐带，立即用碘酊棉球充分浸泡脐带断端。如用手捏止不住血，再用消毒的线绳结扎。

断脐后，将幼驹移到靠近母马头部的清洁、干燥的垫草上，让母马舔幼驹。这样，一方面可以增加母子的感情，又可促进母马泌乳和排出胎衣。产后1小时内，胎衣可以完全排出，应立即将胎衣和脏污的垫草清除、深埋。如5～6小时胎衣仍未排出，应请兽医诊治。

有时幼驹生下来后不呼吸，但心脏仍然跳动，这是假死现象，须立即抢救。首先迅速把幼驹口、鼻中的黏液或羊水清除掉，使其仰卧在头低后高的地方，手握驹的前肢，反复前后屈伸，用手拍打其胸部两侧，促使幼驹呼吸。也可向幼驹鼻腔吹气，用草棍间断刺激鼻孔，都可以使假死幼驹复苏。

产出幼驹后，要把母马的乳房用清水彻底洗净擦干，让幼驹吸吮初乳。

母马外阴部、尾根、后腿等被污染的部位用2%来苏儿水消毒、洗净、擦干。产房内换上干燥、清洁的垫草。

母马产后身体虚弱。要先给饮少量温水或喂给加食盐的小米粥、麸皮粥。过几小时再喂给少量优质干草，拌入少量麸皮、胡萝卜。在产后的几天里，要少喂含蛋白质多的饲料，多喂些易消化的饲料。如果给母马饲喂含蛋白质、脂肪多的饲料，容易引起幼驹消化不良或营养性腹泻，甚至导致幼驹死亡。

(4)**提高母马泌乳量**　幼驹的营养主要靠母乳。母马的泌乳期6～8个月。哺乳期轻型马产奶量为2 400千克左右，重型马为3 500千克左右，地方马种为1 300～2 000千克。

据测定，大约10千克马奶能使幼驹增加1千克体重。因此，要想使幼驹长得快，身体健壮，就要做好哺乳母马的饲养管理，提高母马的泌乳量。

哺乳母马的日粮要含有充足的蛋白质、维生素和矿物质。

精料中豆饼可占25%～30%、麸皮占15%～20%，其他为玉米、高粱等。补喂胡萝卜、青绿饲料更好。哺乳母马需水量很大，每日饮水应不少于5次。

产后20天母马可以干些轻活，严禁产后2个月内干重活。在使役中要照顾好幼驹。

4. 哺乳母驴的饲养管理

母驴分娩前的征候与母马大体一样，可参考前述，做好接产准备工作。

母驴分娩过程和马相同，接产时可参照前述。惟有一点是母驴不舔刚产出的幼驹。母驴怀骡驹时，往往因胎儿体大而易发生难产，要注意产道检查和助产，最好请兽医处理。

产后的护理、饲养与母马相似。产后1～2周内要控制草料喂量，逐渐增加，10天左右恢复正常。3～5天后，如天气好，可使母子在舍外避风处自由活动，逐渐增加舍外活动时间。产后1个月内停止使役。

(七)乘用马、竞赛用马的饲养管理

1. 乘用马的饲养管理

对一般乘用马的饲养，要随其年龄、体重、运动量和季节的不同而有所变化。成年马的采食量约占其体重的2.5%，幼年和泌乳母马约为其体重的3%。每日骑乘1～3小时的，每100千克体重可给优质禾本科青干草1.25～1.5千克、谷物0.2～0.5千克；每日骑乘6小时以上时，可分别给干草1～1.5千克、谷物1.25～1.5千克。谷物最好是燕麦，或者是燕麦70%、玉米30%的混合料。也可以喂燕麦加大麦。要注意马的体况，不可过肥或过瘦，要保持结实的体质。

乘用马的日常管理中，要做好刷拭和遛马。刷拭每日定时 2～3 次，操作要规范。刷试时先用草刷除去粘在身体上的垫草或污物，然后人站在离马体适当位置，面向马的后躯，从耳后开始向后刷，刷子要稍微倾斜，顺毛推动，推到头，把手腕反转将刷子下边收集在一起的尘土或污物刮下，刷时动作要快速有力，不要用刷子冲撞马体。这是粗略地刷拭，然后用鬃刷先左后右，由前到后，从上到下，依次刷拭马体。刷拭时先逆毛刷出，再顺毛拉回，重去轻回，每刷 3～4 次，要用铁刨刮二、三下，以去掉刷子上的污毛和尘土，对马胸下、腋间、颌凹处要仔细刷到，对马腰部要轻刷，对尻部、股部应自下而上，由后向前刷，而对腰角处、颜面部要顺毛刷，用力要轻。

待将马全身刷完后，再用梳子梳理其长毛，用干净湿布擦净马的耳、口、鼻及肛门等处，最后再用另一干净湿布先逆后顺地将马全身擦一遍，并用毛刷顺毛刷一次。一般竞赛用马每天在上、下午运动后刷拭 2 次，参赛后必须刷拭。

每次刷拭后应用蹄钩除去蹄底脏物或石子，用水清洗马蹄，如需修削时，最好请装蹄师进行削蹄或装蹄。严格遵守骑乘规则，如鞍、勒的装卸，骑乘的姿势，各种辅助和控制方法，骑乘开始和结束时的遛马等。要随时检查马是否有鞍伤、肚带伤，四肢有无外伤和骨瘤，发现后及时治疗。

乘用马饮水要充足，每日饮 4 次，剧烈运动后半小时后再饮水，防止暴饮。要注意补喂食盐和骨粉。

2. 竞赛马的饲养管理

除休闲期外，竞赛用马一直处于训练或竞赛状态，需要付出极大的体力，消耗很多能量。因此，对饲养管理条件要求十分严格。如果饲养管理不善，难以取得优异成绩，甚至发生疾病。

饲养上要注意供给营养全面的日粮，可以用燕麦、大麦、麸皮、豆饼、鱼粉、骨粉等配制精料，也可以喂给专售的配合饲料。核心是要保证能量、矿物质和维生素等的需要量。每100千克体重可饲喂精料1.5～2千克，草最好是燕麦青干草、大麦青干草，每100千克体重可喂1千克。每周可喂1次麸皮粥，以保持大便通畅。

以下的日粮组成可供参考：体重500千克处于比赛期的马，可喂禾本科、豆科干草7千克，大麦子粒7千克，玉米1.5～2千克，草粉2千克，食盐66克及微量元素和维生素添加剂。体重500千克处于休闲期的竞赛马，可每日给禾本科、豆科干草8千克，燕麦子粒5千克，玉米1千克，草粉1千克，小麦麸0.5千克，食盐30克以及微量元素和维生素添加剂。

运动用马的骨骼密度要比休闲马高。马匹每日运动约16.1千米(10英里)时，骨骼中钙的沉积量要比休闲时提高15%～20%。说明运动用马需要强壮的骨骼，而强壮的骨骼是以食入足量的钙、磷为前提的。因此，马术和竞赛用马更应该注重钙、磷的需要。

运动用马要严格强调遵守饲养制度和饲喂方法、饲喂时间、饲喂顺序，要严格固定，不能随意改动。

注意饲喂方法，赛前3～4小时喂完。赛前一顿的饲喂量不宜过大，如上午竞赛，则清晨喂日粮的25%，中午喂40%，晚上喂35%；下午竞赛的日粮分配为晨40%，午、晚各30%；

休息日应减料1/3至1/2，避免体重增加，蓄积脂肪。

管理工作要耐心、细致。单厩饲养，马房内要有充足的活动余地，要保持清洁、干燥、平坦。要严格遵守作息时间和工作程序。要做好刷拭和护蹄工作，蹄部可涂油保护，防止干裂。注意经常检查四肢有无疾患，赛前、赛后要护理好马的四肢。应在调教师的指导下，由专门骑手进行调教，特别要注意入闸的训练。要严格按照竞赛科目的要求调教。

赛马在休闲期,最好进行放牧饲养,既可采食各种牧草,补充均衡的营养,又可锻炼体质。

竞赛用马的母马饲养管理与前述相差不多,故可参考。现只特别提及种公马的饲养。

(1)**非配种期种公马的饲养** 我国北方一般从7月中旬到翌年2月中旬属于种公马的非配种季节,此时种公马的饲料应以优质的牧草作为最主要的部分,如色泽鲜绿的羊草和紫花苜蓿干草是我国养马者最喜欢用于喂马的两种青干草。因为在我国城市郊区饲养的马匹多数没有放牧条件,一般都是舍饲的饲养方式,那么叶多色绿、具有香味的优质干草就显得非常重要了;在此期间,精料需要量不多,主要是对放牧或饲喂青干草的补充,同时对保证种公马良好的体况和健康起着重要作用。此外还应补给适量的矿物质,以舔砖的形式较好。

参考精料配方为,燕麦30%,玉米10%,大麦13%,小麦麸10%,大豆粉11%,亚麻粉4%,苜蓿草粉10%,糖蜜7%,磷酸氢钙2%,石灰石粉0.5%,微量元素添加剂1%,维生素添加剂1.5%。根据当地饲料原料营养成分的不同,将上述精料配方进行适当调节,使其含粗蛋白质大致为16%,钙1%,磷0.9%。在我国,由于没有专门配制的马用微量元素添加剂和维生素添加剂,因此在饲养公马时一般每日喂给一些新鲜的胡萝卜和青绿饲料,用来补充矿物质和维生素的不足。

(2)**配种期种公马的饲养** 在配种季节开始前2~3周,饲喂公马的精料就应增加,此时可能导致种公马的体重略有增加。在配种季节,公马每日所需饲草和精料的比例为50∶50~70∶30。

马每日采食的总量是有限的。如果饲喂的精料和青干草的比例相等,即各占50%时精料一般按1千克精料/100千克体重的比例来饲喂,余下的喂青干草或放牧。精料喂量的多少也是变化的,主要取决于以下因素:青干草的质量、公马的体况、每周配种的次数等。如青干草的质量很好,叶子较多,豆科和禾本科各占一半,粗蛋白质含量大于10%时,可少喂一些精料;如公马有些发胖,体重增加,就应减少精料的喂量,反之公马变瘦,就应增加精料的喂量;每周配种次数较少,精料的量也就相应减少。体重500～550千克的轻型种公马配种期每日采食青干草(禾本科杂草)9.9千克,精料7千克(包括燕麦3千克,大麦1.5千克,小麦麸1千克,向日葵饼1千克,矿物质0.5千克),鲜胡萝卜3千克,鸡蛋4～5枚,食盐33克。另外阿哈种公马配种期间每日喂大麦或燕麦7千克,小麦麸2千克,苜蓿干草6千克,胡萝卜2千克。在非配种期,阿哈种公马的日粮为大麦或燕麦5千克,小麦麸1千克,苜蓿干草8千克,胡萝卜1千克,合计15千克。纯血马种公马,每日喂5千克左右精料和9～10千克青干草。

(八)幼驹的培育

科学合理地培育幼驹是提高马匹繁殖成活率的重要因素,也是改良马匹,提高质量的重要手段。如果幼驹发育不良,到成年后就难以弥补。所以,培育幼驹必须从精心的饲养管理和耐心调教等方面着手。

1. 幼驹的生长发育规律

幼驹的生长发育有一定的规律性,要做好幼驹的培育工作,就必须符合其生长规律。

幼驹出生至5岁这一生长发育期间,年龄越小,生长发育越快。如果幼龄时因营养跟不上,发育受阻,则会成为四肢长、身子短、胸部狭窄的幼稚体型，是无法补救的。

马驴骡幼驹在6月龄以内，生长发育最快。发育比较早的体尺首先是体高，其次是体长和管围，最后是胸围。从出生至1.5岁时，4项体尺的增长率都占总增长率的60%～70%，说明1.5岁以内的幼驹，要特别注意饲养管理，加强培育。6月龄以内，体重的增长很快。在同样培育条件下，马驹增重速度因品种不同而有差异，如本地马驹出生至1周岁间，每日增重0.5～0.6千克，轻型马驹可达0.6～0.7千克，重型杂种驹达0.8～1千克。

不同的饲养管理条件对幼驹生长发育有重要影响。群牧条件下，幼驹往往是冬季发育停滞，夏季增长很快，而舍饲条件下的幼驹生长发育比较均衡。由于营养不良而发育受阻的幼驹不仅表现出大头、细颈、窄胸、扁肋、弓腰、尖尻等不良结构，而且内部器官和组织的发育也不均衡。

不同性别的幼驹，在初生后1年内，公、母驹发育相差不多，但培育条件好时，公驹比母驹发育快，饲养条件差时，母驹发育好于公驹。因此，公驹对饲养管理条件要求高，日粮中精料要多些，粗料要少些。

骡驹、驴驹比马驹生长发育稍快。1岁时驴驹的体高、管围都达到成年时的90%以上。4岁时骡驹已基本完全体成熟。

2. 哺乳驹的饲养管理

新生驹出生后，便由母体转到外界环境，生活条件发生了很大改变，而其消化功能、呼吸器官的组织和功能、调节体温的功能都还不完善，对外界环境的适应能力较差，因此饲养管理工作稍有差错，就会影响其健康和正常的生长发育。哺乳驹的哺育工作要抓好以下几点。

(1)尽早吃初乳　母畜产后3天以内分泌的乳汁叫初乳，

该乳汁浓稠，颜色较黄，蛋白质比常乳(产后 3 天以后的乳)高 5～6 倍，脂肪、维生素、矿物质含量多，具有增强幼驹体质、增强抗病力和促进排便的特殊作用。所以，要尽早使幼驹吃上初乳。

幼驹出生后半小时就能站起来找奶吃。接产人员要将奶先挤到手指上让幼驹舔，然后慢慢引导它到母亲的乳头上，让它自己吸吮。如产后 2 小时幼驹还不能站立，就应挤出初乳，用奶瓶饲喂，每隔 2 小时 1 次，每次 300 毫升。

马和驴生的骡驹，千万不能吃初乳，否则会得骡驹溶血病。新生骡驹溶血病发病率常达 30％以上，发病迅速，病情严重，死亡率可达 100％。马与驴交配受胎后，母驴或母马产生一种抗体，主要存在于初乳中，骡驹吃后会使红细胞被溶解、破坏。所以，骡驹出生后要先进行人工哺乳，喂鲜牛奶 250 克或奶粉 20 克，要将鲜奶煮沸，加糖，再加 1/3 开水，晾温后喂给，每隔 2 小时喂 250 毫升。或与马(驴)驹交换哺乳，或找其他母马(驴)代养。一般经 3～9 天后，这种抗体消失，再吃自己母亲的奶就不会发病了。

(2)注意观察幼驹　幼驹刚出生时，行动很不灵活，容易摔倒、跌伤。所以，要细心照料。注意观察幼驹的胎粪是否排出，如果 1 天还没有排出，可以给幼驹灌服油脂，或请兽医诊治。经常查看幼驹尾根或厩舍墙壁是否有粪便污染，看脐带是否发炎，幼驹精神是否活泼，母马的乳房是否水肿等，做到早期发现疾病，早期治疗。

(3)无奶驹的哺育　幼驹出生后母马死亡或母马没奶时，要做好人工哺育工作。最好是找产期相近的母马代养，可在代养母马和寄养幼驹身上涂洒相同气味的水剂，人工辅助诱导幼驹吃奶。如没有条件，可用奶粉或鲜牛、羊奶进行人工哺育。由于牛、羊奶的脂肪和蛋白质比马奶多,乳糖少,因此,要撇去上层一些脂肪,2 升牛乳加 1 升水稀释,再加 2 汤匙白糖;或 1 升羊乳加 500 毫升水和少量白糖。煮沸后晾到 35℃左右,再用婴儿哺乳瓶喂给。马驹和骡驹初生至 7 日龄,每小时哺乳 1 次,每次 150～250 毫升。8～14 日龄时,白天每 2 小时喂 1 次,夜间 3～4 小时喂 1 次,每次 250～400 毫升。15～30日龄时,每日喂 4～5 次,每次 1 升。30 日龄至断奶,每日喂 3～4 次,每次 1 升。驴驹体格较小,喂奶次数与马驹相同,而喂量可减少些。

(4)尽早补饲　幼驹出生后半个月,就应开始训练吃草料,这对促进幼驹消化道发育,缓解母马泌乳量逐渐下降而幼驹生长迅速的矛盾都有重要意义。补饲的草要用优质的禾本科干草和苜蓿干草,任其自由采食。精料可用压扁的燕麦及麸皮、豆饼、高粱、玉米、小米等。精料要磨碎或浸泡,以利于消化。幼驹补饲时间要与母马(母驴)饲喂时间一致,应单设小槽,与母马分开饲喂。

补饲量要根据母马(驴)泌乳量、幼驹的营养状况、食欲、消化情况而灵活掌握。喂量由少到多,如开始时每日可由 50～100 克增加至 250 克,2～3 月龄时每日喂 500～800 克,5～6 月龄时每日喂 1～2 千克。一般在 3 月龄前每日补饲 1 次,3 月龄后每日补饲 2 次。如每日喂给 2～2.5 千克乳熟期的玉米果穗(切后喂给)效果更好。

每日要加喂食盐、骨粉各 15 克。要注意经常饮水。如有条件,最好随母畜一起放牧,既可吃到青草,又能得到充分的运动和阳光浴。

3. 断奶后幼驹的培育

断奶以及断奶后经过的第一个严冬是幼驹生活上一个很

大的转折，如果饲养管理跟不上，会使幼驹营养不良、生长发育迟缓或造成其他损失，因此绝不能粗心大意。

(1)适时断奶 一般情况下，哺乳母马或母驴多已在产后第一情期月时再次配种妊娠，泌乳量逐渐减少。而幼驹长到4～5月龄时，也已能独立采食，故应在5～6月龄时断奶。当然，还要根据母马（母驴）的健康状况和驹的发育情况灵活掌握。一般情况下在6月龄断奶。如断奶过早，幼驹吃乳不足，会影响它的发育；断奶过晚，又会影响母畜的膘情和腹内胎儿的发育。

(2)断奶方法 选择晴好的天气，把母马（母驴）和幼驹牵到事先准备好的断奶幼驹舍内饲喂，到傍晚时将母畜牵走，幼驹留在原处。第二天将母畜圈养1天，第三天开始放牧或干轻活。为减少幼驹思恋母亲而烦躁不安，可选择性情温驯、母性好的老母马（驴）、骟马陪伴幼驹。幼驹关在舍内2～3天后，逐渐安定下来，每日可放入运动场内自由活动1～2小时，以后可延长活动时间。

为了安抚幼驹，防止逃跑或跳跃围栏，必须让母马（母驴）远离幼驹。这样经过6～7天后，就可进行正常饲养管理。

(3)断奶后的饲养 幼驹断奶后开始了独立生活。第一周实行圈养，每日补4次草料。要给适口性好、易消化的饲料，饲料配合要多样，最好用盐水浸草焖料。每日可喂混合精料1.5～3千克，干草4～8千克，饮水要充足。有条件的可以放牧或在田间放留茬地。

断奶后很快就进入寒冬。生活的改变，气候的寒冷，给幼驹的生活带来很大困难，因此要加强护理，精心饲养，使幼驹尽快抓好秋膘。饲料搭配要多样化，粗料要用品质优良、比较松软的干草，特别是要喂些苜蓿干草、豆荚皮等。一定要加强幼驹的运动，千万不能“蹲圈”。平时，人要多接近它、抚摸它，建立人马亲和关系。我国北方早春季节，气温多变，幼驹容易得感冒、消化不良等疾病，要做到喂饱、饮足、运动适量，防止发病。幼驹满周岁后，要公、母分开。对不做种用的公驹，要去势。开春至晚秋，各进行 1 次驱虫和修蹄。要抓好放牧。农村要尽量补喂青草，并适当补给些精料。

4. 幼驹的调教

调教是促进幼驹生长发育、增强体质、提高生产性能的重要措施。所以，幼驹 1.5 岁以后，必须进行调教。

(1) 调教的原则 调教是一项细致的、科学性很强的工作，做得好可以很快达到目的，做得不好不仅达不到预想目的，而且会起到相反作用，使幼驹养成许多坏毛病，成为“假马”或“夹生马”，有时还会发生伤人、伤驹事故。所以，一定要遵守以下原则。

①建立人马亲和关系 幼驹出生后就要经常接近它、抚摸它，进行刷拭，给些喜食的饲料，诱发它对人的感情，消除惧怕心理。3～4 月龄时，就可以练习举肢、抱蹄。断奶后，可以练习带笼头、拴缰绳、牵行等动作。只有幼驹不怕人，与人有感情，不怕一些装备和某些动作后，才能顺利进行调教。

② 循序渐进 戴笼头、备鞍、戴套包时，要先以温和的声音给驹预示，让它嗅、看，待熟悉之后再接近它的身体。操作要由轻到重，由简到繁，由前到后，由上到下。训练的科目也要由易到难。

③奖惩适当 根据幼驹的个性和特点，完成动作的情况，采用不同的诱导和控制手段，运用适当的奖惩。如完成规定动作好时，应立即用温和的声音呼唤，轻轻拍驹的颈部，喂给胡萝卜，以示奖励；而幼驹踢人、咬人时，就要严厉呵斥，甚至

轻打，予以惩处。对性情急躁的幼驹要特别耐心，千万不能粗暴对待。

④重复练习　学会一个动作、一个口令后，仍要多次反复练习，使幼驹记住不忘。

⑤遵守运动卫生要求　调教场地要宽敞、平坦，不要人声嘈杂。饲喂后1小时内不能调教，调教后半小时再喂饮。各种用具要适合驹体，以免发生外伤。

(2)挽用马、骡的调教　最好在冬季农闲期进行，此时道路不拥挤，人手、时间充足。调教时首先使幼驹熟悉套具。戴套包时动作要轻。上套后一个人在驹左侧牵缰绳，另一人在右侧握笼头扶持，一人在驹后3米处拉着套绳。轻轻抖动套绳，并喊前进的口令(如驾！驾！)。要经常用套绳轻轻打击驹的股、腹部，使它不惊不怕。拉套绳的人先跟着走，后逐渐拉紧套绳，使驹习惯肩部的压力，逐渐懂得起步、停止、转弯的动作和口令。要注意各种动作和口令一定要相互配合。以后改为拉木板、爬犁等。开始时，用人为牵引，逐渐改为用口令和鞭指挥，但只是指挥而不是鞭打，否则易使驹养成蹴踢和钻套的坏毛病。

对将来做驾辕用的幼驹，还要训练进出车辕，备搀鞍，搭腰，装坐鞧等。可选用类似双杠的栏架，较车辕要宽些，牵驹退入和走出。练习拉车时，不能载重过多，使驹学会蹬地起步，如车过重，一次拉不动，以后一遇困难就不拉了。调教停止动作时，应在喊口令的同时，稍拉紧缰绳，让它慢慢停下来，但不宜用刹车，否则在上坡、走沙地、泥泞路时就不愿出力而自动停下。

调教中还应注意锻炼幼驹的步伐要稳健而确实，并进行快步训练，以便提高工作性能。

(3)**乘用驹的调教**　幼驹达1.5周岁时，即在出生后翌年秋季开始调教。

先让幼驹熟悉鞍具。装马勒时，要特别小心，让幼驹嗅、看，轻轻靠向其口部和颈部，切忌抓驹耳朵，要用马衔轻触驹口，用手指轻轻撬开驹口，将衔铁(马嚼子)放入。能顺利装马勒后，用缰绳牵引做前进、停止、转弯和后退动作，同时配合口令训练。经1周左右，即可练习备鞍。装鞍要由2～3人协同进行。人要胆大心细，先让驹嗅鞍褥，慢慢放在它的鬐甲部，再慢慢向后拉，一是为消除它的恐惧，二是可防止鞍伤。放鞍时要轻，紧肚带时不要打击马腿，人的头部不要太靠近驹的腹部，以免被踢伤。肚带要先松后紧。经几天练习后，即可由体重较轻的好骑手骑乘。先由人牵行练习，以后由骑手用缰绳控制并配合口令学习前进、停止和转弯等动作。在习惯骑乘走慢步的基础上，可增加快步练习，每日运动30～40分钟。经2周后，依据幼驹的营养和体力情况，增加慢跑步练习。2.5岁后可进行袭步调教，并逐渐增加距离。以后经过能力测验，选出优秀个体，进行赛马调教，准备参加赛马。

至于各专项的骑术科目调教，可参考专著。

(九)群牧饲养

所谓群牧饲养，即在一年四季中完全以放牧的方式对马群进行饲养管理和繁育。由于马群终年或绝大部分时间生活在广阔的草原上，能得到充分的运动和丰富的营养，并受到风、雨、寒、热等自然条件的锻炼，因而形成了群牧马匹的许多特点。这些马匹体质结实，体格强健，具有高度的适应性和抗病力，对饲养管理条件要求不高，工作能力强，吃苦耐劳，富有持久力。同时由于群牧马主要是利用天然草原，不需要太多的设备和人工，可以大大地降低成本。因此，群牧养马是一种经济适用的养马方法。目前我国一部分马场采用这种方法。

1. 放牧群的组成

为了方便照顾马匹，合理进行放牧，应将马匹分组编群。编群方法可按性别、年龄及鉴定等级进行。如母马群、幼驹群和公马群。这些不同的马群，各自构成放牧单位，由班长及放牧员等5～7人管理。母马群可根据种用价值高低和繁殖情况组成不同的马群，价值高的母马群，每群为100～200匹，而价值低的为150匹。哺乳母马群匹数应略少，空怀母马群为150～200匹。

幼驹断奶后，按性别组成公驹群和母驹群。种用驹群为100～200匹；非种用驹群为150～200匹；骡驹群冬季100～130匹，夏季80～100匹。

匹数多的群牧马场，常将同年生幼驹共同编群。如群数较多，还应按体格大小、强弱来划分。如果同年龄的马匹数不多，也可将1～2岁驹，甚至2～3岁驹编成混合群。

种公马群的匹数，决定于种用价值，一般20～50匹为一群。大型马场在配种结束后，先按5～8匹种公马为一组，放在一个围栏中，种公马初到一起常互相殴斗，应加强管理，经2～3日即能互相熟悉，5～7日后可一起放牧。另外，也可用强制的方法合群，即在初期使种公马剧烈运动，待其疲劳后放在一起，投给干草。这时公马因饥饿而忙于采食，较少发生殴斗。经过一段时间，待其互相熟悉，成为习惯后，再逐次将几个组并成一群。对个别难合群的暴烈种公马，应分别管理。

种公马群从配种结束开始，一直放牧至配种准备期为止。在放牧期内，可补充部分精饲料，以保持良好的膘情。公马群应加强抗寒锻炼，秋季和冬季天气好时，昼夜都可在外采食休息，只有最严寒的季节或遇有恶劣的气候时，才放入敞圈或棚舍饲养。但为方便管理，一般夜间赶回敞圈和棚舍内为妥，同时也便于补饲。

为防止马群滥交乱配，实行计划选配，以提高母马的受胎率，有必要采取固定公马、小群交配的方法，即在开始配种前组成配种群，一面放牧，一面配种。配种群的组成，应考虑马的品种、类型、鉴定的等级、血缘关系和其他特点等，应根据选配原则组群。

配种群的母马数，应根据种公马的年龄和配种能力来决定。3岁种公马的公、母比例为1∶5～7，4～5岁公马为1∶8～10，6～12岁公马为1∶11～15，13～16岁公马为1∶8～12。公马撤群时间应在10～11月份，不宜过迟。马群组成后，应保持稳定，不轻易变动。但为了便于配种保胎，在配种期母马可临时组成待产群、空怀群和妊娠群，定期互相转换。母马分娩后7～10天放入配种群内配种，待配种结束后，再回原群。当制订配种计划和组成配种群时，必须选留后备种马，可按现有种公马数50～100∶1的比例选留。

组织配种群时，应在分群栏内进行，逐匹检查和评定母马的外貌和类型。同时进行健康检查，有子宫疾病而未经治疗的不应编入配种群。根据检查与鉴定的资料，确定母马编入某类配种群内，并将其名号、年龄、毛色、特征等登记在选配记录簿上。

2. 不同季节的放牧

(1)春季放牧及管理　马群的春季放牧地要安排在冬季雪盖不深，早春融化快，青草最早出现的地方。如在平坦草原，多在地势稍高处；如在山区，多在山的低坡和阳坡。马群进入春季牧地后可逐渐增加放牧时间，减少在棚圈停留的时间和补饲量。开始先在夜间补饲，以后随着青草的生长和青草采食量的增加，夜间也不补饲。春季牧地马匹能采到足量的青嫩牧草，借此抓好春膘，以保夏膘。

春季马群的管理，按时间来说，为春分以后3个月。这时马群经过漫长的冬季，由于气候寒冷和水草不足，一到早春正是营养最差的时期，特别是老马、幼驹和妊娠马，如无较好的补饲条件，极易消瘦，容易发生流产。北方牧区早春时期，不仅气候尚冷，而且昼夜温差变化很大。如内蒙古地区有时风雪交加，群众称为白毛旋风，此时是瘦弱马匹生死存亡的重要关头。特别在早春的雪天，沾在马体表的雪花随化随冻，如不细心看管，容易造成马驹大批死亡。因此，春季的放牧管理必须注意气候的变化，加强预防工作。如遇暴风雪，应在棚舍或避风场所内进行补饲，停止放牧。

春季正是妊娠母马分娩、幼驹复壮、空怀母马亦将陆续开始配种的季节，同时又是被毛脱换时期，从马的生理和生产任务上来说，都要求迅速恢复马群的体况。因此，在青草尚未生长好时，应加强补饲(一般本地马每日补饲混合精料0.75～1.5千克，杂种马1～2.5千克)，以提高膘度。

早春放牧地，不论山区或平原，都是枯草多，青草刚刚萌芽，远望一片青绿，但牲畜还无法采食到口，如不加以控制，容易“跑青”，既消耗牲畜体力，又损坏草原。因此，当阳坡草刚转青时，暂时转移到阴坡放牧，因为阴坡阳光不足，气温较低，草萌芽慢，当阴坡草萌发时，阳坡青草已长高，即可转牧于阳坡。另外，还可选地势较低的草滩放牧，因这些地方大部分生长水草，水草生长较早，需要趁嫩利用，所以既可尽早吃到青草，也避免草质逐渐粗硬而失去利用价值，所谓“春放滩”就是指此而言。如果是刚化冻，草地潮湿，则不应急于利用，以免破坏草原。

我国北方牧区，一般约在5月中旬开始吃到饱青。小满后气候转暖，大致可以完全放饱，且蚊蝇尚未大量出现，正是放牧的黄金时间。除配种公马外，其他群牧马完全可以不补饲，但必须利用这个大好时机，延长放牧时间，要求在1个月内抓满膘。体况恢复越快，脱毛时期越早。按劳动人民的说法：春膘是底膘（也称水膘），春膘肉，秋膘油，没有春膘就难保住夏膘。我国北方牧区春季比较干燥，风大，马匹容易干渴，每日需饮水2～3次（妊娠马忌饮冰碴水，以防流产）。如在盐碱牧地，可常使马群自由舐食，借以补充盐分，或隔数日喂盐1次。

(2)夏季放牧及管理 夏季放牧地的安排，在较干旱的草原，应选低洼或河边的滩地。因夏季炎热，在低洼地或滩地的青草长得较好。山区的马群，夏季放牧多选在高山草原，因该地气候凉爽并有较好的青草。当马群继续留在春季牧地而有掉膘的可能时，应立即转到夏季牧地。在高山草原放牧，可得到充足的营养物质，且天气不热，蚊虻少，马的营养一般良好。夏季在撂荒草原上放牧，也可吃到较好的牧草。

夏季放牧一般因天气热，蚊虻多，马的膘度往往下降。马群放牧时间最好安排在早晨、傍晚和夜间。白天特别是中午，应让马群在地势较高、有风的地方休息。

夏季群牧马的管理上，由于气候渐热，又有蚊虻骚扰，放牧条件远不如晚春。干燥的牧区，野草逐渐枯萎、养分减少，致使马群营养下降。如遇这种情况，应补饲或转移牧场，以保马群吃好吃饱。夏季放牧必须掌握当地昆虫活动规律，尽量避免其骚扰。地势较高的牧地，由于风力较大，昆虫较少，正符合"夏放坡"的群众经验。一般在10～16时期间，蚊虻为害最甚，马群不能安静采食，同时以蹄踢被昆虫螫刺的部位易使蹄冠等发生外伤，又易中暑。因此，在这个时间内可将马群赶到棚舍或树荫下休息。如无这种条件，也可赶到地势高的地方，并将大群适当分成小群。夏季白天应该顶风放牧，夜间凉爽则可顺风放牧。夜牧时要注意不使惊群，特别是在大雷雨中更应注意（惊群也是发生流产的主要原因）。北方牧区时有雹灾，应注意天气预报，加强预防。

夏季炎热，马易干渴，每昼夜需饮水 3～4 次。赶向水源地时，应边赶边牧，慢慢前进，到一定距离时控制住马群，分成小群饮水，以便充分喝足。如两群以上使用同一水源，则应错开时间，以免互相混群（公驹群与母驹群更应注意）。夏季放牧仍需补盐。

(3)秋季放牧及管理　马群的秋季放牧场比较容易选择，因为秋季气候渐凉，草生长旺盛，蚊虻日渐减少，有利于放牧。所以，凡是不做冬季牧地或刈割草场的地方，都可做秋季牧地。

秋季天气凉爽，蚊虻由少至绝迹，这时必须注意抓好秋膘，为安全过冬打下良好基础。秋季牧草茎叶虽已粗硬，但大部分已结籽，同时还有鲜嫩的再生草，因而马群比较恋膘，一般要求在初秋即达到圆膘。土种马因有蓄积脂肪的特性，所以有“秋高马肥”的说法。这正是在生理上为安全过冬创造有利条件。随着气候的转冷，马体生长出浓密的冬毛。

从初秋到深秋，气候变化很大，放牧的时间应逐步调整为，适当控制夜牧，尽量利用温暖的时间放牧。放牧地可逐渐转移到阳坡和平滩。霜降后则应较晚出牧，以免采食霜草发生流产和疝痛。如昼夜放牧，天亮以前（东北地区约在凌晨 3 时以后）不让群马站盘（即站立不动过久），应及时赶动马群使其多吃未带霜的枯草，这样待天明时再食霜草，也可避免流产。畜体具有良好的膘情，是防止流产最基本的内因。营养不良的弱马和幼驹，应在深秋提前补饲，以免冬季因气候严寒、营养不足而造成死亡。上冻以后，如用井水饮马则应现打现饮。每日饮水2次即可，但每次必须饮足。

秋季应进行马群检查。除检查膘情外，妊娠及健康状态均应登记。将营养较差的马骡单独分开，以便加强补饲。另外，还应趁检查之便，进行削蹄及理毛等。群牧马的调拨和出售一般多在秋高马肥时进行，这时也是幼驹断奶的时候。

(4)冬季放牧及管理　冬季牧地应选择有较好的牧草和水源并能躲避暴风雪的地方。冬季要注意保膘，因而除搞好放牧外，还要做好过冬的一切准备。在牧地利用上，应给各马群分配适当的牧地。确定放牧地利用的次序，并备足补饲用的草料。牧地的利用次序为初冬先利用低洼牧地，免得以后积雪很深而无法放牧。低地用完之后，可将马群赶至最远的地方放牧。等到严冬和暴风雪最频繁的时候（我国北方多在冬末春初）再将马群赶回到有避风设备的定居点附近放牧，这样不仅能较好地利用牧地，而且人、畜也比较安全。

冬季因有雪可食，可代替饮水。如白天放牧、夜间补饲，则早晨出牧前饮水；如为昼夜补饲，则24小时内应饮2次。饮前投与少许干草。如用井水饮马，应现打现饮。槽中冰块应及时清除，不要让妊娠马饮带冰碴的水。

马驹在第一个冬季最好在有棚圈和饲槽的据点内饲养和管理。每日补给干草和精料，一般干草为6～8千克，混合精料1～1.5千克。并给予必要的护理和培育，这样可以保证马驹身强体壮，安全过冬。

牧区马群的冬圈，特别是有防风设备的露天场所，马的粪便不必清扫，因积存的粪便经马蹄踏实后形成平坦坚硬而又温暖的地面，马匹在此休息不但蹄部不易受冻，且能保暖。

冬季放牧马群要散开，让马刨一处，吃一片。让马吃饱而不可驱赶，否则驱赶过勤，马匹体力消耗大而吃不饱。在冬季马匹喜欢站盘，不爱活动，尤其是夜间。因此，应注意不要使马站立过久，特别是在天亮前要勤轰赶，使马吃草，肚子不空，马体不冷。冬季马爱顺风跑，因此，要顶风挡群，同时还要训练顶风放牧，这样可以减少体热的散失，防止后躯冻伤，还可使马群放得拢、吃得饱。

秋末马群膘度不良的，初冬即需补饲，以防消瘦。但对膘情好的补饲不宜过早，以便锻炼啃食牧草及掘雪寻食的本能。马群的补饲量，决定于马体的营养状况、牧草的质量和气候条件等。

放牧补饲方法，一般采取集中补饲、随群补饲或两者结合的方法。凡膘情太差、病弱、临产母马或公马多采用集中补饲，以利于迅速恢复膘情。随群补饲则跟群出牧，将膘情差的马放入小圈集中补草补料。补饲要适时，即在膘情开始下降前进行为好，如膘情已下降，补饲效果较差。我国东北各马场，大都从 11 月份开始补饲至翌年 5 月中旬停止。补饲也应定时定量，方法与舍饲完全一样。

补饲干草，在天气良好时，可在草原上进行。将干草每8～10千克堆成小堆，可容 2～3 匹马一齐采食。堆间距离 4～5 米。小堆排列成行，让马自由采食。为保持卫生，喂干草地点可时常更换。在人工避风处补饲时，按马匹的数量应备有足够的饲槽，槽长×宽为 4 米×1 米，深 50 厘米，槽上缘距地面 1 米。每槽可喂 10～12 匹，槽腿似雪橇，以便在雪地上拖动。东北各马场草料补饲均在马棚附近或敞圈内进行，料草分开给予。补草一般在敞圈内草栏中，让其自由采食。料则在马棚附近设固定饲槽，专供投精料用，早、晚各 1 次。群牧马冬季每日补饲量见表 9。

表 9　群牧马冬季每日补饲量

类　别	精料(千克)	干草(千克)	盐(克)	骨粉(克)
本地母马	0.75～1.5	5～10	20～30	15～20
杂种母马	1.0～2.5	7.5～15	20～30	15～20
役　马	1.5～3.0	10～20	30～40	15～20

(十)肉用驴的肥育

肥育就是用科学的饲养管理方法,以较少的饲料和成本,在较短的时间内获取量多质好的驴肉产品。随着我国农村经济的发展,驴正由役用向多种用途转化,进行肉驴生产现已成为农民致富的一种新产业。据全国山东、河南、河北、陕西等15个省、市100多个养驴专业户的调查,平均每头驴年收益1 000～2 000元。肉驴生产正在蓬勃发展。为此,本书简要介绍肉驴的肥育技术。

1. 影响肥育的主要因素

影响肉驴增重速度、饲料利用效率和胴体品质的因素很多,且各因素间又相互影响、相互关联。

(1)品种的影响　不同品种驴在相同的饲养条件下,它们的生长速度、肥育性能、胴体品质、饲料利用效率也不相同,所以,为了提高肥育效果,首先要了解各品种驴的生长发育和肥育性能,选择体型大、胸宽深的驴种,采取相应的肥育措施,方能获取满意的效果。

(2)不同体重和年龄的影响　不同年龄和体重的驴在肥育期间,对营养水平的要求不同,增重的内容和速度也不相同。如幼龄驴生长发育旺盛,增重的内容主要是骨骼、肌肉,此时对蛋白质的需求较多,且因其消化功能尚不健全,故对饲料品质要求较高;成年驴肥育时主要是增加脂肪,对饲料的能量水平要求较高。

随着年龄的增长，驴单位增重的饲料消耗增多，饲料利用效率降低。生产中应掌握每种驴的适时屠宰期，以降低生产成本。

(3)温度的影响 适宜的温度可以获得高的日增重，高的饲料利用率。过高或过低的温度都不利于生长，都会降低体脂肪沉积。低温虽使驴采食量增多，但耗热量大；高温会使驴的采食量减少，同样会降低体脂。特别是肥育后期，驴膘肥体胖，再遇高温，会使驴停食，甚至发病。

驴的适宜环境温度为16℃～24℃。

(4)饲料营养的影响 饲料营养的影响主要是能量和蛋白质的影响。饲料中的有机物是其能量价值的物质基础。有机物的含量及其质量决定饲料能量价值的高低，其中以粗纤维和粗脂肪的影响更为明显。一般来讲，饲料中粗纤维含量越多，能量越低。所以，肥育中要适当增加玉米、高粱、麸皮等含能量多的精料，才能获得高的日增重和优质的肉品。饲料蛋白质供应不足时，驴的消化功能减退、生长迟缓，增重变慢、抗病力减弱，会严重影响肉驴的健康和肥育。所以，在肥育驴时，特别是幼驹肥育或肥育前期，驴的日粮中要给予足够的豆类、饼类、苜蓿草等蛋白质含量高的饲料。

在这里要着重提出的是，在肥育过程中，有人在饲料中添加一些保健或促生长添加剂，这些物质虽对驴的快速生长及饲料转化率有一定促进作用，但抗生素、重金属化合物和某些激素类药品如使用不当，在肉中的残留量就会超过食用标准的允许量，影响人的健康。所以，使用国家允许的药物添加剂，并在肥育后期或宰前一定时间内必须停止使用。

(5)杂交的影响 利用杂交方式可以使杂种在生长速度、

饲料利用效率、胴体品质等方面显现出杂种优势。在肉驴生产中，可以选择两品种或三品种间的二元或三元杂交，配合相应的饲养条件，以提高肉驴的生产潜力。

2. 肥育中应注意的事项

前四节中阐述的饲喂原则和饲喂方法，同样适用于肉驴的饲养。但考虑到肥育工作的特点，特提出以下注意事项。

(1)**要制订适合本地区的饲养方案** 要根据驴的不同品种，所处的不同生理时期，本地区的饲料情况等来确定合理、适宜的饲养方案。如肥育幼驹或青年架子驴，如驴的品种较好，当地精料和优质牧草丰富时，可以采取直线肥育法。即从断奶到出栏，按驴生长发育的不同阶段对营养需要的特点，给予适宜的营养，使之得到充分的生长发育，获得较高的日增重。在饲喂过程中，要掌握能量水平应逐步提高，而蛋白质水平应前高后低。

成年驴或淘汰驴肥育时，如当地精料不足，可采取阶段肥育法。即在肥育前期以青粗饲料为主(可占日粮30%～50%)，后期进入催肥阶段，喂以较多精料，少喂粗料，直至出栏。此法的优点是节省精料，但饲养周期长。

(2)**创造适宜环境** 为保持驴舍内适宜的环境温度在16℃～24℃，冬季要防寒保温，夏季要防暑通风，以保障驴的健康和正常的生长增重。

(3)**定期称重** 体重是衡量驴生长发育好坏的一个重要指标，也是适时出栏屠宰的依据，所以要定时称重。种驴每年要称重1次，作为调整日粮营养水平或饲喂量的参考。最好在肥育到某一固定阶段前(如催肥期)称重1次，出栏或屠宰前必须称重。

(4)建立健全卫生防疫制度

①定期注射预防疫苗和驱虫　如注射驴腺疫死菌苗，皮下注射2次，间隔1周，第一次注射5毫升，第二次注射10毫升，可免疫半年。用兽用敌百虫按每千克体重40～80毫克配成5%～10%的水溶液1次灌服。空腹时用胃管投入可驱除绦虫、蛔虫和线虫。

②搞好圈舍卫生

③设置舍内外消毒防疫设施　门口要设消毒槽，圈舍定期消毒。常用消毒液有10%～20%生石灰乳剂，2%～5%氢氧化钠溶液，或20%～30%草木灰水。

④做好隔离饲养　对外新购入或外来驴应隔离饲养半个月左右，经检验观察确实无病者，方可合群饲养。

⑤抓好防治工作　要做到五净（圈净、槽净、食净、水净、驴体净），三看（平时看驴的精神，饲喂时看驴的食欲，扫圈时看粪便），四及时（及时预防注射，及时进行圈舍消毒，及时驱虫，及时治疗和隔离病驴）。

⑥适时屠宰　当驴的采食量下降至正常采食量的1/3时，驴的体格丰满，胸、肩部有脂肪沉积时可以屠宰。

3. 肥育技术

(1)幼驹的肥育

幼驹出生后，要使其吃到足量的初乳，出生后15天左右可使其采食嫩草。1～2月龄时，可将高粱、小米、大豆等粉碎后煮粥使其采食，每日可补料150～200克。随日龄增加，每日可逐渐补料到500克，6月龄断奶时，补料量可达1 000克，至9月龄时，精料日喂量可达到3.5千克。其他应喂以优质青饲料或多汁饲料，饲料尽量多样化，每日喂食盐和贝壳粉各10～15克，自由采食和饮水。

要根据幼驹体格大小、性别、采食快慢等分成小群饲养，利于生长发育均匀。

总之，要注意蛋白质、能量、矿物质和维生素的供给，以保证其快速生长发育，增加体重。

因各品种驴的幼驹生长发育有的稍快，有的相对较慢，所以肥育到什么月龄适宜屠宰，要根据具体情况而定。

(2)青年架子驴的肥育　一般是指1.5～2.5岁青年驴的肥育。肥育期为5～7个月，分2个阶段进行。肥育前期，也叫生长肥育期，时间为2～3个月。此阶段的重点是促进架子驴的骨骼、肌肉充分生长。可以大量利用各种粗饲料或多汁饲料，如各种秸秆、糟渣类、青贮饲料等。精料要给予富含蛋白质的豆类或饼类，注意矿物质、维生素的补充，使架子驴在保持良好生长发育的同时，消化器官和消化功能得到充分的发育和锻炼。

肥育后期，时间3～4个月，主要任务是增加脂肪和增重，改善肉的品质。为此，日粮中要加大精料比例，尤其是含热能多的精料原料，精料量和饲草量可各占一半，饲料多样化，尽量促进驴的食欲，每日饲喂3～4次，限制运动，充足饮水。

(3)成年驴的肥育　一般是指3～4岁成年驴(包括役用淘汰驴或老残驴)的肥育。这些驴肥育后的肉质稍显粗老，质量稍差些，饲料利用率和经济效益也略低。

肥育前应将公驴去势、驱虫。肥育前期45～60天，可充分利用当地的青粗饲料或糟渣类饲料，精料中要有豆类、饼类。肥育后期20天左右，要强度催肥，使其尽快增加体重，肌肉间沉积脂肪，改善肉质。精料比例增大的同时，能量饲料要多些。增加饲喂次数，减少驴的运动。

五、马和驴的繁殖

配种繁殖是各种家畜的本能，也是增加数量、提高质量和改良品种的重要手段。要做到繁殖、使役两不误，就必须了解马和驴的繁殖生理特点，掌握母畜发情规律，做到适时配种。

（一）马和驴的繁殖特点

1. 马和驴的生殖器官和功能

公母畜的生殖器官发育成熟后，可产生正常的性功能，通过配种使母畜妊娠。

公马、公驴的生殖系统包括睾丸、附睾、输精管、副性腺、阴茎等器官。睾丸的功能是产生精子和分泌雄性激素。附睾的功能是使精子成熟和暂时贮存精子。公马、公驴交配射精时，由于输精管的收缩，附睾中的精子通过输精管并接收来自副性腺分泌的分泌液形成精液，精液通过阴茎中的尿道输入到母畜的生殖道内。公马、公驴每次射精量为 30～100 毫升，个别的可达 300 毫升。每毫升精液中含有精子 0.8 亿～2 亿个，公马一般一次射精的精子数为 40 亿～240 亿个，公驴的射精量和精子数一般都大于马。

母马、母驴的生殖系统由卵巢、输卵管、子宫、阴道等组成。卵巢在骨盆腔内左右各 1 个，通过直肠可以摸到它的发育、变化情况。卵巢是产生卵子和分泌雌性激素的椭圆形实质器官。它发育成熟后，除已妊娠和冬季外，每隔 21 天左右就产生 1 个成熟的卵子排到输卵管内。如经交配，则在输卵管上 1/3 处与通过子宫进入输卵管的精子结合、受精。受精卵再下行到子宫，在子宫着床，发育成胎儿。

2. 性成熟及适配年龄

在营养、激素和光照等条件的作用下，幼驹的生殖器官发育很快，到幼驹有了性欲表现，公驹能产生正常精子，母驹表现正常发情、排出卵子时才达到了性成熟。一般情况下，马驹和驴驹 10～18 月龄时性成熟。

性成熟的时间受品种、外界自然条件、饲养管理等因素的影响。如轻型马比重型马早熟，本地马较挽用马早熟，母马比公马早熟，膘情好的马比瘦弱的马早熟，温暖地区的马比寒冷地区的马早熟。

适于初次配种的年龄叫适配年龄。马和驴虽然到了性成熟阶段，但身体发育尚未完全成熟时，过早配种不仅会影响母体的健康，而且幼驹长得弱小、发育差；过晚配种又少得幼驹，效益降低。所以，一般母马、母驴 3 周岁，公马、公驴 3～4 岁时正式配种使用。农区母马 2.5 岁、公马 2.5～3 岁时配种也可以。

为了防止早配，幼驹 8～9 月龄时就要公、母分开饲养。

马和驴的繁殖年限，常由于饲养管理和使役的好坏差别很大。役马的繁殖年限一般为 15～16 岁，种马为 18～20 岁或更高些，公驴、母驴的营养好时可繁殖到 20 岁以上。母马的繁殖旺盛期是 4～13 岁，公马为 6～15 岁。

3. 发情的季节性

到配种年龄的公马和公驴，随时都有性欲，可以配种。但是，母马和母驴的发情和配种是有季节性的（我们把发情配种的特定季节叫做繁殖季节）。我国农区和南部地区在 3～7 月份，北部寒区和牧区在 4～8 月份是马和驴的繁殖季节。由于母畜营养状况、使役轻重和气温等因素的影响，配种季节也可能有早有晚或有长有短。在每年春季要加强饲养管理,适当减轻使役强度,促使母畜早发情、早配种。

(二)母马、母驴的发情

1. 发情及其机制

在繁殖季节里,母畜在神经反射和一系列激素的作用下,表现出一种周期性的性活动现象就叫发情("反群"、"起骒")。发情包括精神状态的变化,有交配欲望,生殖道分泌黏液,黏膜充血等和卵巢上有卵泡生长、发育、成熟、排卵等变化。

发情是复杂的生理过程。在繁殖季节里,母畜在光照、气温和营养等因素的作用下,卵巢里的卵泡迅速发育、增大、成熟。在卵泡发育过程中,卵泡内分泌的雌激素又刺激生殖道黏膜充血、分泌黏液;精神状态上表现出性情不安、愿意接近公畜、阴门红肿、阴道分泌黏液等外部的发情表现。卵泡发育越接近成熟,上述一些变化就越明显,到卵泡成熟时,这些表现达到高潮。随后,成熟的卵泡破裂,卵子被排到输卵管里(即排卵)。从发情开始到排卵,马一般为 3～7 天,驴为 5～8 天,这个时期叫发情期。卵泡排出卵子后,腔内形成"黄体",分泌孕酮,它可以阻止新的卵泡发育,因而母畜不再发情。如果卵子受精了,母畜妊娠,黄体将保持 5 个月。但如果卵子未受精,黄体就会逐渐消失,新的卵泡又开始发育,母畜再次发情,如此周而复始。两次发情的间隔,一般为 21～23 天,叫发情周期。

发情期和发情周期的长短,因各地的光照、营养、使役程度、品种的不同而有差异,不仅个体之间,就是同一匹母畜,也会有所变化。如南方温暖地区发情期较短,北方寒冷地区发情期较长,老龄母畜发情周期延长,处女母畜发情周期短,经产哺乳母畜发情周期最长。营养不良时，母畜发情期和发情周期都延长。

母马、母驴发情最适宜的气温是15℃～20℃，因此，5～6月份是配种的旺季。

2. 发情鉴定

为了适时配种，必须能准确判断母畜的发情程度，判定排卵时间。目前鉴定发情的方法有以下几种。

(1)肉眼观察法 主要看母畜的精神状态，并结合阴道分泌出的黏液性状来判断配种适期。

母马发情时，一般表现为精神不安，食欲减退，愿意接近公马，时常举尾巴，跨开后肢做排尿状，阴门松弛、肿胀，阴道黏膜潮红，从中流出的黏液较稀，用手指可拉成长线（叫吊线），有时黏液线可达飞节以下，排尿次数增加，尿的气味变浓。到发情中期，上述表现更明显，分泌物变稠，吊线可达飞节，是配种适期。发情末期，分泌物更稠，吊线长只有1～2厘米，精神状态变得安静，并逐渐恢复正常。

母驴的发情比母马更明显。开始发情时，母驴叭哒嘴，见到公驴时抬头竖耳。到发情中期，常低头、抿耳，连续地叭哒嘴，见公驴后，后腿叉开，阴门肿胀，阴道黏膜潮红。到发情高潮时，表现为昂头、翘唇，两耳后抿，头颈前伸，流涎，张嘴不合，主动接近公驴，塌腰叉腿，频频排尿，从阴门中不断流出黏稠液体，这时配种最好。

(2)试情法 在马群较大、观察不便或发情外部表现不明显时，可利用公畜试情。试情不仅能鉴定母畜是否发情，而且还有诱发发情、促进卵泡正常发育、使发情明显化的作用。

试情应选择比较僻静、干燥、避风的场地，挑选性情温驯、性欲旺盛的公畜，在运动场上或槽头，每日清晨和傍晚各试情

1 次。母畜分娩后第七天就应开始试情，以判断产后初次发情时间，适时“配血驹”。从配种后 10 天起，最好进行拒配试情，直到判定已经妊娠为止。这样，发现早期流产的或误认为妊娠的还可以进行补配。

在发情初期，母畜每听到公畜的嘶鸣，就很注意，阴门闪动或流出少量尿液，但仍不允许公畜接近和爬跨，这段时间持续 2～3 天。到了发情盛期时，主动接近公畜，叉开后腿，尾高举，阴门翻动，频频排尿，流出黏稠液体，不拒绝公畜爬跨，这段时间持续 1～3 天，是配种的最好时期。

3. 阴道检查法

此方法一般是指应用开膣器打开被检母畜阴道后，观察阴道黏膜的充血程度，子宫颈的弛缓状态、子宫颈外口开口大小及肿胀程度，分泌物的颜色、黏稠度、量多少、有无黏液流出等，以判断母畜发情程度。不过这种方法不能准确地判定母畜排卵时间，因此目前多作为辅助性检查手段。

4. 直肠检查法

主要通过直肠用手触摸卵巢、子宫和子宫颈形态的变化来判断卵泡发育程度及母畜所处的发情阶段。

阴道检查法和直肠检查法是配种站技术人员常用的方法，也是较准确的方法。农民朋友最好在见到母畜发情后及时将牲畜拉到配种站，由技术人员检查、判断，以便能及时配种，保证有高的受胎率。

（三）马和驴的配种

通过适时配种，使精子进入母体子宫，卵子和精子在输卵管内结合，叫受精。配种时间、精液品质、配种技术直接影响受精效果。

马和驴的配种方法有本交和人工授精2大类。本交中常用的是人工辅助交配和小群交配;人工授精中又分鲜精配种和冻精配种。

1. 人工辅助交配

在繁殖季节母畜发情时,将公、母畜牵到一起,由人辅助进行交配。这是农村和不具备人工授精条件地区普遍采用的方法,这种方法的受胎率也比较高。1匹壮龄公马在1个配种季节可负担30～40匹母马的配种任务。

交配时间最好在早晨或傍晚,因为发情母马和母驴多在晚上或黎明时排卵。

配种前,先将母畜保定好,用布条将尾巴缠好并拉于一侧,洗净、消毒、擦干母畜的外阴部。公畜的阴茎也最好用清水擦洗。配种时,先牵公畜围绕母畜转一两圈,促进公畜的性欲,然后使公畜接近母畜后躯,让它嗅闻母畜阴部,待公畜性欲高涨,阴茎充分勃起后,人要及时放松缰绳,让它爬跨到母畜背上。辅助人员迅速而准确地把公畜阴茎轻轻导入母畜阴道,使其交配。见到公畜尾根上下翘动,臀部肌肉微微颤抖,表明正在射精。如果一直未见射精,可将公畜拉下来,牵遛一会儿,待阴茎再次勃起后再进行交配。射完精后,一般公畜伏在母畜背上不动,可慢慢将其拉下,用清水冲洗阴茎,慢慢牵回厩舍或拴系休息。

母畜交配后往往弓腰做排尿姿势,会造成精液外流,这时人要轻拍母畜腰部,或用手指捏其腰部,使子宫口收缩,防止精液外流。

2. 小群交配

这是牧区或半农半牧区普遍采用的马匹配种方法。每年春季将母马分成20～25匹的小群,每小群内放入1匹指定的种公马在一起放牧，母马发情后，公马会自动与之交配，受胎率可达 90％以上。

3. 人工授精

这是世界上和我国当前大规模普及的先进配种技术。在配种数量、配种效果和技术水平方面，我国都处于先进水平。

人工授精技术，就是选择优良种公畜，利用假阴道将其精液采出，对精液进行检查、处理或保存，然后将适量的合格精液用输精器械输入到母畜的子宫内。现在不仅用新鲜精液输精，而且可以将精液冷冻，保存很长时间，解冻后再输精。

人工授精能提高优良种公畜的利用率，1 匹种公马 1 年能配 250～300 匹母马或更多，是本交的 10 倍。能提高母畜的受胎率，减少生殖道疾病的传播，提高畜群质量。所以，农户的马和驴应尽量去当地配种站人工授精。

(1)采精　通常使用假阴道对马、驴采取精液。采精用的假阴道是模仿母马(驴)的阴道环境设计的。要求提供适宜的温度(38℃～40℃)、压力和润滑度。采精时要先选择健康、体壮、大小适宜的发情或经训练的不发情、性情温驯的母马(驴)做“台畜”。采精前先对台畜的后躯，特别是尾根、外阴部及肛门等处，用肥皂水或洗衣粉水洗净，再用消毒的布擦干，并将其拴系于横木架上，用保定绳固定两后肢，以防踢蹴。为防污染，将马尾以绷带缠裹拉回一侧固定。

采精时，将公马牵至台畜的后面，采精员在台畜左后侧，右手持已准备好的假阴道，当公马阴茎充分勃起，跳跨上台畜时，可直接将其阴茎导入假阴道内，抬高假阴道的末端，与水平保持 30°左右，并固定在台畜右侧臀部。一般马阴茎插入假阴道后，经几次抽动，见公马尾部肌肉有节律地收缩，尾根、尾毛搧动即为射精。采精员应将假阴道集精杯端缓慢下倾并打开活塞放气，待阴茎抽出后，将纱布盖于大口端，速将精液送至精液处理室。

(2)精液检查　精液检查是评定种公畜优劣的重要措施。至配种前对欲配种公马进行3次检查，每次间隔1天。如发现不合格，必须经15天再检查3次，直至精液品质合格，方可参加配种。

精液检查的指标有很多，如射精量、气味、色泽、活力、密度、畸形率、存活时间、生物学试验、酸碱度等。

①射精量　马每次的射精量因品种及个体不同而有较大差别，一般为30～100毫升，驴为20～80毫升。

②色泽　正常情况下为乳白色。如为黄色，可能混有尿液，绿色是含有脓，红色可能有血液。色泽不正常的不能用于输精。

③气味　新鲜精液略有腥味。如有腐臭味，则不能用于输精。

④活力检查　指精液在相当于体温(37℃)的条件下，呈直线前进运动的精子数占精子总数的比例，通常按十级制(从0.1～1.0)分级，也可用百分数表示。一般认为精液的活力越高其授精能力也就越强。人工授精中输精所采用的精液中新鲜精液的活力不低于0.5，冷冻精液解冻后的活力不低于0.3。精液活力检查时可将一滴精液滴在载玻片上，加盖玻片后，在400倍显微镜下直接观察，也可用染色的方法进行计算。

⑤密度检查　精子的密度是指每毫升精液中所含的精子数。

密度检查的最简单方法是取一滴精液在低倍显微镜下观察，凭经验粗略的分为“密”、“中”和“稀”几个等级，它不是一种精确的方法。

一般马精子密度2亿以上为密，1亿～2亿为中密，1亿以下为稀。准确的方法是计数法、光电比色法或浓度比色管估测法。

⑥畸形率　正常精子形态呈蝌蚪形。如头部巨大、瘦小、双头，颈膨大、屈折，精子中段纤细、膨大、弯曲等均为畸形。通常可以将精滴制成抹片，直接在600倍显微镜下观察，或用普通染色液、红蓝墨水染色，水洗干燥后镜检。检查精子数不少于200个，计算出畸形精子所占的百分率。马精子畸形率不能超过12%。

(3)精液的稀释　精液稀释是在精液里加入一定量的有利于精子存活的溶液，从而可以延长精子在体外的存活时间。精液的稀释可提高受胎率，增加精液量，扩大输精数量，提高优秀种公马(驴)的利用率，便于运输。

稀释精液时必须严格遵守无菌操作规程。精液采取后应立即进行过滤并稀释，避免温度的下降及污染。稀释液与精液要求同温，或低于精液1℃。因此，在稀释前对精液及稀释液都要测温。稀释时只能将稀释液倒入精液内，而不能将精液倒入稀释液中。加稀释液时要将精液瓶倾斜，沿瓶壁徐徐加入，最后轻轻摇动或搅拌，使之均匀。如在稀释液中加抗生素时，应在35℃以下加入，卵黄应在30℃以下加入，搅拌均匀。

稀释倍数应根据精液密度、稀释液种类以及当日输精马匹数而定。当然，精子密度是主要根据，不能盲目扩大倍数，密度不合标准的不能稀释。一般稀释的倍数应不大于1∶3。奶类稀释液常用倍数为1∶6～7或更高一些。若做高倍稀释时(10倍)应先做6倍稀释，然后再加够稀释量。

马驴人工授精所用稀释液种类很多，最常用的几种及其配方如下：

葡萄糖稀释液：无水葡萄糖7克，蒸馏水100毫升。

卵黄葡萄糖稀释液:无水葡萄糖 7 克,蒸馏水 100 毫升,新鲜卵黄 0.8 毫升。

蔗糖稀释液:精制蔗糖 11 克,蒸馏水 100 毫升。

以上各种稀释液每毫升可加 500～1 000 单位青霉素。

奶粉稀释液:全脂奶粉 10 克,蒸馏水 100 毫升。奶粉稀释液为我国东北地区所广泛应用,效果也较好。其配制方法是将奶粉与蒸馏水充分混合,使奶粉完全溶解,装于烧瓶内置水浴锅中加温至 70℃,维持 30 分钟。蒸汽(或煮沸)灭菌(96℃下 10 分钟)也可,取出冷却,除去奶皮(通过 4 层消毒纱布过滤)。也可于每毫升内加青霉素 500 单位。奶粉稀释倍数为 1∶1～15。如奶粉稀释液中加入卵黄,即为奶粉-卵黄稀释液(每 100 毫升奶粉稀释液中加卵黄 0.8 毫升)。奶粉稀释液也可与上述糖类稀释液混合,配成奶-糖液。混合的比例是:奶粉液 4 份加蔗糖(白砂糖)液 1 份,或奶粉液 1 份加葡萄糖液 1 份。混合后的奶-糖液也可于每毫升内加入青霉素、链霉素各 500 单位,以及卵黄 1～2 毫升。

马奶稀释液:自产驹 9 天以后的健康母马挤取鲜奶,将鲜奶用 6 层纱布滤入烧瓶内,放在水浴锅中煮沸 10～15 分钟后,冷却除去奶皮(用 6 层消毒纱布过滤)。稀释倍数1∶1～10倍,可于每毫升稀释液中加入青霉素1 000 单位。马奶稀释液为我国西北地区一些马场所常用,其效果较好,受胎率可达 95%以上。

牛奶稀释液:配制方法、稀释倍数及受胎效果大致与马奶相同。在早春配种尚未产驹,无法取得马奶时,可用牛奶或葡萄糖液代替。

(4)精液的保存　精液保存的理论依据是降低精子的代谢速度,抑制精子的运动,达到延长精子存活时间的目的。通常有两个途径,其一是降低保存温度,减弱精子的运动和代谢，甚至使精子处于一种休眠状态，但并不丧失其生命力；其二是调整稀释液的 pH 值，使精子处于弱酸环境，既不致危害精子，又能抑制精子的活动。在以上两种情况下保存的精液，一旦温度和 pH 值恢复到正常水平，精子的活动和受精能力又会重新恢复。

按精液保存温度的不同可分为常温（10℃～25℃）保存，低温（0℃～5℃）保存和超低温（－79℃～－196℃）保存。常温和低温保存的时间较短，只有 1～7 天，而超低温保存的冷冻精液可保存数年或数十年。

①常温保存　保存温度在 10℃～25℃之间，可利用室内、冷水、保温瓶甚至地窖等天然环境保存。由于保存的温度不十分恒定，又称变温保存。在这一温度下精子的运动和代谢虽然受到了一定的抑制，但仍处于较低的水平，因而只能在一定的限度内延长精子的存活时间和受精能力。此法简单、易行，有一定的实用价值。

②低温保存　保存温度在 0℃～5℃，精子的运动完全停止，代谢比常温保存进一步降低，于是保存时间也相对延长，是超低温保存技术出现以前最普遍的保存方式。其稀释液中必须加入防冷休克物质，如卵黄、奶类等。

③超低温保存　又称冷冻保存。根据所使用的冷源不同，可分为－79℃（干冰）和－196℃（液氮）等冷冻保存方法。精子在超低温环境下活动和代谢完全停止，因此大大延长了保存的时间。经数月、数年乃至数十年仍可使用。由于冷冻和解冻过程中部分精子遭到伤害而死亡，所以解冻后精子的活率比冷冻前明显降低，一般只有 0.3～0.6。以上两种超低温下公马精液冷冻保存的研究已获成功，但未能在生产中广泛应用。

(5)**输精**　所有输精用器材，应在输精前预先备齐，保证清洁灭菌。输精人员将手臂彻底洗净后，再用1%～2%来苏儿或0.1%的新洁尔灭液洗涤消毒，最后用温开水洗净擦干，右臂带上经灭菌的臂套。对输精母马的准备工作，与采精时台畜的准备相同。

马(驴)的输精器多用1条厚壁的橡胶输精导管连接1个30毫升的玻璃注射器构成。先将消毒的橡胶管和注射器用稀释液冲洗，再吸入适量的精液，输精者以涂润滑剂的手持输精管，另一只手持注射器。握输精管的手连同输精管插入母畜的阴道，找到子宫颈外口后，随即将输精管插入到子宫颈外口内10～15厘米深，并注入精液。输精的同时，要注意阴道黏液和子宫颈口开张的情况，发现阴道干涩，阻力大，子宫颈口紧闭等现象，不宜强行输精，应做进一步检查。马的输精量一般为15～30毫升，驴为10～20毫升，有效精子数为2.5亿。

(四)繁殖控制技术

1. 同期发情

用人工的方法对雌性动物的发情周期进行同期化处理的方法叫同期发情，即利用激素制剂，人为地控制并调整某一群雌性动物发情周期的进程，使其在预定的时间内集中发情，便于组织集中配种。

一般用子宫内注射前列腺素的方法，使马(驴)同期发情。要经2次处理，间隔时间为8天。第一次处理后先不配种，在第二次处理后3～5天发情时再配种。如结合某些促性腺激素的处理，可收到较好效果。

2. 诱导发情

是指借助外源激素或其他方法使母马(驴)正常发情配种的一种技术措施,是缩短产仔间隔,提高繁殖率的方法之一。试验证明,对乏情母马注射前列腺素、促性腺激素,或用温热的(40℃～42℃)生理盐水冲洗子宫,有促进母马发情和排卵的作用。

3. 胚胎移植

也叫受精卵移植。是将新形成而未在子宫内着床的早期胚胎从母马的体内取出,移植到另一匹同种的,生理状态相同的母马体内继续发育到分娩,所以也叫人工授胎或借腹怀胎。这样可以充分发挥优秀母马的繁殖潜力,扩大良种马群,代替种马引进,保存马种资源。

1974年马的胚胎移植成功。但马的胚胎移植技术研究和应用较少,这与许多国家马品种协会对纯种马胚胎移植后代不予登记有关,也与马的超数排卵技术尚无有效方法有关。

4. 体外受精

马的精子和卵子的受精在自然情况下都是在马的生殖道内完成的。将这个生理过程在体外实验室的培养皿内进行叫体外受精,将体外受精卵移植到母马子宫内,生下来的马驹叫试管马。

美国、澳大利亚的科学家,将注入精子的受精卵立即注入到受体母马的子宫内,胚胎最后发育成熟,生下了试管马。而英国科学家在2001年,将采集到的马卵子放在显微镜下,将精子注入,使卵受精。受精卵在体外培养系统中发育5～8天,成为含有100～150个细胞的囊胚,再通过非手术移植方法,将其植入受体母马的子宫内生长发育,最后生出了显微受精试管马。这种技术可用于挑选优良基因,培育良种马。

5. 胚胎克隆

又叫无性繁殖或核移植。其技术要点是，先选择一匹母马的形态良好的成熟卵母细胞，用吸管吸出细胞核，再由另一匹马取出一个完整的带细胞核的体细胞（或胎儿细胞系，成年马的乳腺上皮细胞、肠黏膜上皮细胞等分化能力强的细胞）放入去核的卵母细胞周围，用电场融合等方法，将去核的和有完整核的两个细胞融合。融合后的细胞如同新近受精的卵子，开始重新发育。再用体细胞共培养系统或输卵管合成液培养系统等在体外培养，克隆胚胎发育至移植所需的胚胎期，再移植到提供体细胞的母马体内，直至产出胎儿。

2003 年意大利科学家用一匹成年母马皮肤细胞与去核卵母细胞相融合，并将其植入提供皮肤细胞的母马体内，得到克隆马。2003 年美国科学家先使马和驴交配，从其后代骡子胚胎上提取细胞，再与去核卵母细胞融合，最后产生克隆骡。

当前，虽然人工手段繁殖的马仍被禁止登记和参赛，但此技术可以用来繁殖礼仪马、马术用马、表演马等，也可用来挽救濒危马种。

（五）提高马（驴）繁殖力的措施

一般来说，马的繁殖力比其他农畜低。这与其本身的生殖生理特点和明显的季节性繁殖有关。目前，通常以性反射强弱、公马在一个配种期内所交配的母马数、采精次数、精液品质、与配母马的情期受胎率、配种年限、幼驹的品质等来反映公马的繁殖力水平。

母马的繁殖力多以受胎率、产驹率、幼驹成活率、终生产驹数和产驹密度等指标来表示。由于母马发情期较长，且有较明显的季节性发情，一般情况下不易做到适时配种，且易发生流产，故而降低了繁殖力。

一般情期受胎率为50%～60%，全年受胎率为80%左右。由于流产现象较多，实际繁殖率为50%左右。驴的受胎率为50%～60%，公马配母驴的受胎率为30%。提高繁殖力的主要措施有以下几种。

1. 加强选种选配

选种选配是提高繁殖力的根本措施。应选择繁殖力高的个体留做种用。凡是具有遗传缺陷的个体，如先天性死精、少精、无精，发情周期紊乱、习惯性流产，应立即淘汰。对于患严重生殖器官疾患，丧失生育能力的个体，亦应严格淘汰。

2. 科学饲养管理，保证正常繁殖功能

任何先进的繁殖技术也不能替代良好的饲养管理。应根据马(驴)的种类、品种、神经类型、个体特性及当地的环境条件制订科学的饲养管理制度，以保障动物的正常繁殖力。对于种用马(驴)，应注意有足够的蛋白质饲料、青绿饲料。北方在冬季时可饲喂青贮料，以保障维生素的供给。同时要注意饲料中微量元素的提供，如钙、磷、硒、锌等。此外，还应注意种马的运动，厩舍卫生等。良好的营养状况和生活环境，中上等的膘情是保证马(驴)繁殖力的基础。

3. 减少胚胎死亡和流产

早期胚胎死亡和流产是降低产驹率的重要原因。导致胚胎死亡和流产的因素很多，也十分复杂。不但与生殖细胞和生殖器官的正常生理功能有关，也与影响早期胚胎的附植因素和生殖器官的疾病有着密切的关系。

4. 科学实施繁殖技术

(1)利用优质精液，准确地发情鉴定和适时输精 利用优质精液适时输精，是提高受胎率的关键，因此一定要使用鉴定合格的优质精液并准确地进行发情鉴定。发情鉴定不准确会造成误配或漏配；精液处理不当，会使精液品质下降，受精能力降低。正常情况下，刚刚排出的卵子生活力较强，受精能力也最高，此时若与完成获能作用的精子相遇，精、卵结合完成受精的机率最大。这就要求对母马（驴）的发情鉴定尽可能准确，才能做到适时输精。

(2)防止不育　动物的繁殖过程包括一系列顺序协调的环节，从产生正常生殖细胞开始，经过配种、受精、胚胎附植及妊娠，终结于分娩和哺乳。其中任何一个环节受到破坏，均可导致不育的发生。因此应加强各环节的饲养管理和技术操作，防止不育。

(3)扩大配种期　为了提高动物群体的繁殖力，扩大配种期也是必要的技术措施。特别是对季节性配种的动物，除应抓住配种季节不要错过配种机会外，还要设法延长配种季节，增加配种受胎的机会。通过调整饲养管理，应用促性腺激素和控制光照时间，尽量减少和排除自然环境因素的影响，对扩大季节性配种动物的配种期均可收到一定的效果。

母马、母驴产后第一次发情配种（俗称配血驹），受胎率较高。所以，母马在产后 7～8 天、母驴 8～10 天就要注意检查母畜发情及排卵情况（可请配种站技术人员进行直肠检查，判断卵巢发育情况或通过试情法）。据调查，产后母马 70％以上在 10～15 天排卵，母驴产后 12～14 天排卵，要抓紧配种提高受胎率。

(4)正确接产　加强接产、助产技术，减少产期幼驹死亡也是重要的环节。

(六)骡的繁育

骡是农村的重要役畜，具有很强的杂种优势。但是，因为是马和驴的种间杂种，马和驴的染色体数目不同(马为 32 对，驴 31 对)，在进行细胞减数分裂时，染色体不能联合。所以，公骡都是不育的，个别母骡能受胎生驹。在 200 年间，仅有 50 匹骡驹由骡所生。一般情况下，母骡发情周期和发情期与母马相同，发情表现也较明显，但卵巢缺乏弹力，卵泡小或卵泡不破裂，常萎缩、不排卵。公骡往往没有精子或都是死精子。

据报道，马配马、公驴配母马时受胎率最高，驴配驴受胎率次之，而公马配母驴时受胎率最低。因此，在繁殖驴骡时，要选择精力充沛、性欲旺盛的公马，加强母驴的饲养管理，做到适时配种，以提高受胎率。同时，还要注意驴生骡时易发生难产和骡驹溶血病的问题。

为了得到优良役骡，作为双亲的马和驴的体型结构和体格大小有重要关系。一般以大型公驴与挽用型母马交配能产生大型或重型骡，与轻型母马交配能产生大型骡或中型骡，而与乘用型母马交配所生的骡子多偏轻细，胸围和骨量不足；中型驴与不同类型的母马交配多产生体格中等的骡子。

六、马(驴)的育种

我国马(驴)品种资源丰富,自然条件多样,养马工作者有丰富的育马经验,曾培育出许多新品种和品种群。

如今,我国已进入现代养马业时代,市场需求发生变化,马业正向多元化发展。因此,马的育种工作必然提到日程上来。本节介绍一些育马的初步知识,仅供实际工作中参考。

(一)育种的一般原则

1. 育种工作既要考虑当前,更要看到将来的需要

马(驴)的育种工作时间较长,初步育成一个品种,至少需要 20 年以上,因此不能走弯路和回头路。所以,育种不仅要看到近期国内的需要,更要看到长远利益的需要。如当前需要的是繁育赛马,但旅游乘马、马术用马、民族表演、展览用马、肉用马、乳用马、肉用驴也应考虑。又如,当前我国地方品种马的质量亟需提高,但又要考虑优良地方品种马的培育。既要想到我国市场的需要,又要考虑参加国际市场的竞争,出口竞赛用马。

2. 注意自然环境对马的影响

自然条件对马(驴)发展起重要作用。只有在马的特性和当地环境条件统一的情况下,育种工作才能取得成效,有利于马(驴)优良品质的形成。

3. 顺应当地马的类型

开展育种工作前,首先要收集当地原产马(驴)的体型、体尺、外貌、性能等详细资料,根据其特点确定其是属于乘用、挽用、驮用或是兼用类型，以此来确定是采取本品种选育还是通过杂交来向其相同的类型方向发展。

4. 重视遗传作用

遗传是内因，环境是外因，外因通过内因起作用。要注意遗传和变异是对立的统一，遗传是相对的，变异是绝对的。没有遗传，就不能保持品种的特性，而没有变异就不能适应新的环境，也不会有改进、提高。但要注意，仅受环境影响而发生的变异是不能遗传的。马繁殖力的遗传力较低，仅为5%左右。因此必须从加强饲养管理和疫病防治等多方面加以改进，才能提高。而马的赛跑能力的遗传力为20%～60%，因此若不注意选择优秀的公、母马，只靠改进环境因素来提高竞赛能力也是不可取的。

（二）育种方法

育种方法包括选种、选配、纯种繁育和杂交。

1. 选　种

马的选种分为自然选择和人工选择。自然选择为自然气候和地理条件起主要作用，对原始群牧管理的品种，如我国土种马的作用较大。人工选择不仅要挑选优秀个体做种用，而且还要创造与选种方向相适应的培育条件。

在本书马驴骡的选择一节中，已经分别阐述了按外貌、体尺类型、血统来源、生产能力、系谱和后代的品质来选择马的方法。但要选出合乎种马（驴）要求的个体，最好是按上述指标综合选种，这样，可防止出现偏差。但也要在不同的育种阶段分清选择主次，各有侧重。如育种初期，应将体尺类型作为重点，而体尺类型基本达到育种要求后，选择的重点就转到体质外貌，最后转到生产性能提高上。当然，血统来源和后代品质在育种各阶段都应重视。

2. 选 配

选配就是在选种的基础上，按照人们的育种需要，有目的、有计划地选择合适的公马(驴)和母马(驴)交配，以获得优良的后代。

根据交配个体间的表型特征或亲缘关系，通常将选配方法分为品质选配和亲缘选配。

(1)**品质选配** 按配种公、母马双方的个体品质进行选配。所谓品质，可以是体质类型、生物学特征、性能等，也可以是遗传品质。选择体质类型、生产性能相同的公、母马交配，以期获得与双亲品质相似的后代，巩固加强它们的优点，就是同质选配。但要注意的是，须最好的公马配最好的母马，不能是一般的配一般的，双方只能有共同优点，而不能有共同缺点。特级母马必须用特级公马交配，一级母马必须用特级公马交配。

另一种选配是异质选配，即选择具有不同优异性状的公、母马交配，以期将两个优秀性状结合在一起，从而获得兼有双亲不同优点的后代，或者选择同一性状但优劣程度不同的公、母马交配，以良好的性状纠正不良性状，使后代获得较大改进和提高。例如:用特级、一级公马与二级、三级母马交配。但不能用凸腰的公马与凹腰的母马交配。

(2)**亲缘选配** 即根据交配双方的亲缘关系进行交配，可分为近交和远交，如亲子、祖孙、叔侄，全同胞间交配叫近交，远堂兄妹之间交配叫远交。

近交既能巩固优秀个体的有益性状，也会使近交后代生活力下降，适应性变差，繁殖力降低。因此，必须慎重地、巧妙地应用。

对于马、驴的选配，无论采用哪种方法，都要考虑配偶双方的年龄。凡是青年和老龄的个体都要选择壮龄的配偶，而青年或老龄公母之间不能交配。

3. 纯种繁育(本品种选育)

本品种选育是指在本品种内部，通过选种、选配、改良培育条件等措施，以提高品种性能的一种育种方法。其基本任务是保持和发展一个品种的优良特性，增加品种内优良个体的比重，克服该品种的某些缺点，达到保持品种纯度，提高品种品质的目的。

(1)地方品种的选育 我国大部分马(驴)地方品种，都是在各种特定的生态条件下，经长期培育而成，是我国极其丰富的遗传资源。它们共同的优点是体质健壮、耐粗饲、能适应当地的自然条件和社会经济条件。但是，它们的选择程度较低，群体的外貌、体尺、性能等都不一致，参差不齐。为了保持该品种的优良特性，又要克服它的缺点，就可以采取本品种选育的方法。如三河马通过组织核心群，选择优良公马，进行个体选配和加强后代培育等有计划的选育工作，1955 年时公马平均体高 152.7 厘米，而到 20 世纪 70 年代，公马体高已超过 160 厘米。河曲马 1969 年公马体高 140 厘米左右，1982 年提高至 145.3 厘米。其他如哈萨克马、焉耆马通过本品种选育都有较大提高。

要搞好本品种选育应注意以下问题。

第一，进行品种普查。摸清品种的分布、数量、质量、产区的自然条件、经济条件，该品种的特征与特性，主要优缺点等。

第二，明确选育目标，制订选育计划，确定重点选育的性状。

第三，建立选育基地，组建选育核心群。公马不应少于 10 匹，母马按 1∶5 的公、母比例选留。

第四，严格选种选配，健全马籍、系谱、性能测定资料等。

第五，科学饲养，合理培育。

(2)外来品种的选育 所谓外来品种，是指由其他地区引入到本地区来的品种，包括从国外引进的育成品种。

外来品种与地方品种不同，一般生产性能较高，生产用途比较专门化，对培育条件和育种技术要求较严格，但它们的适应性一般较差。再有就是因一次引入的数量较少而又分散饲养，因此对外来品种必须从风土驯化的角度出发，首先增强其对当地环境的适应性，同时还要采取以下措施。

第一，集中饲养。建立以繁育该品种为主要任务的良种场，以利于风土驯化和开展选育工作。北京华骏育马有限公司有纯血马数千匹，非常有利于纯血马的选育工作。山东、山西、河南等省建立起驴的生产基地，一方面可以进行驴品种选育，又可开展一些杂交，生产肉用驴。

第二，慎重过渡，逐步推广。引入初期，应尽量创造与原产地相似的饲养管理条件，随着适应性的增强，可逐步改变为引入地区的条件，但仍要保证引入品种的营养需要，同时，要逐步加强其适应性锻炼，提高其耐粗饲、耐热或耐寒和抗病的能力。

在集中饲养的过程中，要详细记载引入品种的生长发育、采食习惯、行为和生理反应、繁殖等各方面的特点，为饲养、繁殖及推广提供依据。

第三，加强选种选配，合理培育利用。保证出场种马的等级质量，严格淘汰有退化表现的个体，防止配种负担过重。

第四，加强技术指导，及时交流经验。

(3)引种时应注意的问题 目前我国引进的国外品种马有纯血马、阿拉伯马、阿哈-捷金马、奥尔洛夫马、新吉尔吉斯马、库斯塔奈依马等。在引进外来品种的工作中积累了很多的经验和教训。引种时应注意以下问题。

第一,正确选择引入品种。引种必须根据国民经济对育种的要求及当地自然和饲养管理条件以及原品种的特点,既根据需要,又考虑可能;既根据该品种的经济价值和育种价值的高低,确定是否值得引入,又要看其能否适应被引入地区的条件,确定其是否适合引进,切不可盲目引进。最可靠的方法是先引进少量个体进行驯化试验,经证明其经济价值和育种价值良好,又能适应当地条件后,再大量引入。

第二,慎重选择个体,妥善安排调运季节。在引种时,对个体的选择除注意其品种特点、体质外貌以及健康、发育情况、生产性能外,还应特别注意对其系谱的审查,查询其亲代或同胞能力的高低,有条件的还可进行遗传检测,看是否有遗传疾病。引入的个体间,一般不应有亲缘关系。当然,还要考虑其年龄。

在引入马(驴)调运时间上,应注意原产地和引入地间季节的差异。由温暖地区引至寒冷地区时宜于夏季抵达;而由寒冷地区引至温暖地区时,宜于冬季抵达。

第三,严格执行检疫制度。加强产地检疫,严格执行隔离观察检疫制度,严防疫病的传入。

4. 杂 交

杂交是指不同种(属)、不同品种或不同品系之间的交配。本节主要讲不同品种间的交配。

杂交的目的有 2 个,一是利用杂种优势(如生活力、抗病力、繁殖能力、饲料利用能力提高,生长速度加快,生产性能提高等);二是改良现有品种,培育新品种。

杂交改良的繁育方法有很多,如依杂交目的不同分经济杂交、导入杂交、改造杂交、育成杂交和远缘杂交。至于采用哪种方法，必须根据杂交改良的目的要求，杂交品种的体尺类型和培育条件来决定。

(1)经济杂交　为了充分利用杂交优势，以获得生活力强、生产能力高的杂种一代，用于役用、肉用或乳用。

一般又根据用来进行杂交的品种数量，分为二元或三元杂交。二元杂交是用 2 个品种进行杂交，一代杂种无论公母全部不做种用，不再继续配种繁殖。三元杂交是先用 2 个品种进行杂交，产生在繁殖性能方面具有显著杂种优势的母畜，再用第三个品种的公畜与之杂交，产生的三元杂种全部经济利用(图22)。这就利用了一代杂种母畜和三元杂种二者的双重优势。生产肉用驴时，可采取二元或三元杂交的方法。如用地方品种母马与两个重挽型公马进行三元杂交，可提高产肉性能。

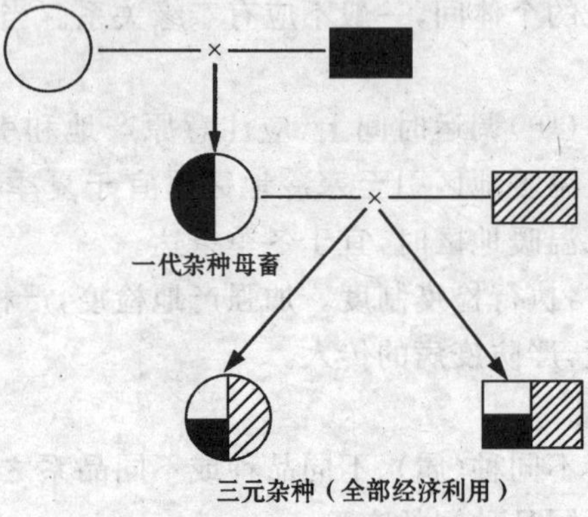

图 22　经济杂交模式图

(2)导入杂交　导入杂交的目的是在保留原有品种基本品质的前提下，通过轻度杂交，导入另一品种的优良品质，使

两者优点结合。

当某个品种或种群基本上符合国民经济的需要，但还存在某些缺点，用本品种选育方法难以迅速克服时即可用导入杂交。

导入杂交的方法是选用与原有品种基本上同质，在需要导入的优良品质方面表现突出的品种做父本，而以原有品种做母本，杂交后，从杂种中选出理想的公畜与原有品种的母畜回交，理想的杂种母畜则与原有品种公畜回交，产生含外血25％的回交一代。然后再根据回交一代的具体情况确定是否再与原有品种回交。如果回交一代不理想，可以再回交1次，产生含12.5％外血的杂种即回交二代，如此类推。最后用符合理想型要求的回交杂种（一般含外血12.5％～25％）进行自群繁育（图23）。

由于导入杂交具有纯繁的优点，能够保持品种原有的基本特性和优良品质，所以，阿拉伯马与纯血马杂交产生的一代杂种就是优秀的安格鲁-阿拉伯马，我国用阿哈-捷金马与纯血马杂交，其后代就可能是兼有二者优点的优秀马术马。

(3)改造杂交(又称级进杂交或吸收杂交) 当原有地方品种马的性能低劣，不能满足国民经济需要，尤其是在生产方向上需要根本改变（如役用改为肉用或乳用）时，通过引进所需优良品种公马与原有品种母马连续杂交，彻底改造原有品种的生产方向，显著提高其生产水平时可采用改造杂交（(图24)）。但有些品种，生产能力虽较低，但有个别独特性状很有保存价值（如西南马的独特品质），就不应采用改造杂交的方法把它彻底改掉。

改造杂交的目的在于彻底改造原有品种的生产方向，显著提高其生产水平，而且既要尽量吸收外来品种的优点，又要

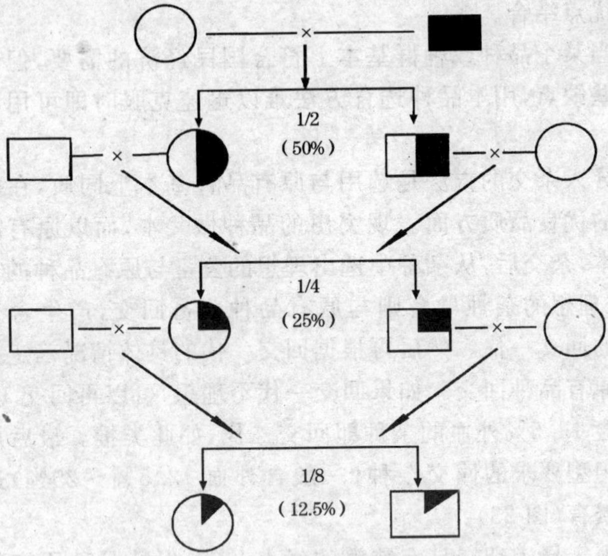

图 23　导入杂交模式图

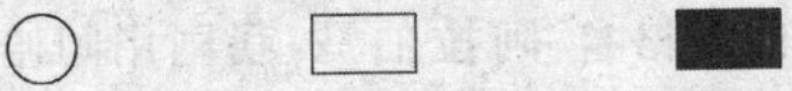

适当保留原有品种适应性强等特性。因此，在杂交方法上既要连续回交，扩大父本对杂种的遗传影响，使杂种尽量多吸收父本的优良性能，又要注意保留原有品种的适应性，在杂交代数上做到适可而止。要防止盲目"级进"，片面追求"高血"。因为高血后代往往体质较弱、适应性差，对培育条件要求刻苛，而生产性能并不一定比杂交代数低一些的杂种好。

至于究竟杂交几代好，应根据杂种表现及所处环境条件等实际情况而定。育种实践表明，一般杂交 3～4 代就可达到改良目标。

(4)育成杂交　利用 2 个或 3 个以上品种进行杂交，目的

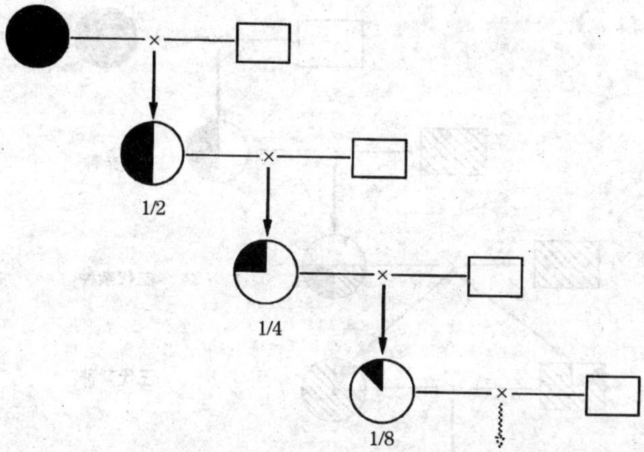

图 24　改造杂交模式图

被改良品种母马　　　　改良品种公马

是集中几个品种的优点，创造理想的新品种，叫育成杂交。用2个品种进行的育成杂交是简单的育成杂交，多用于育成兼用马种，而3个品种以上的复杂育成杂交，在现代马育种中被广泛采用(图25)。

不过也应当看到，用育成杂交的方法创造家畜新品种是非常艰巨复杂的工作。它首先要在全面调查研究的基础上，根据国民经济需要，结合当地自然经济条件和原有品种的特点，制定一个切实可行的育种计划，确定育种方向、育种指标、理想型要求以及育种方案与育种措施。然后，根据育种计划，进行全面育种工作。因此，没有一定的育种基础、畜群规模和经济技术条件，是不可能取得成功的。

育成杂交可分为3个阶段。

①杂交创新阶段　本阶段的主要任务是选用2个或2个

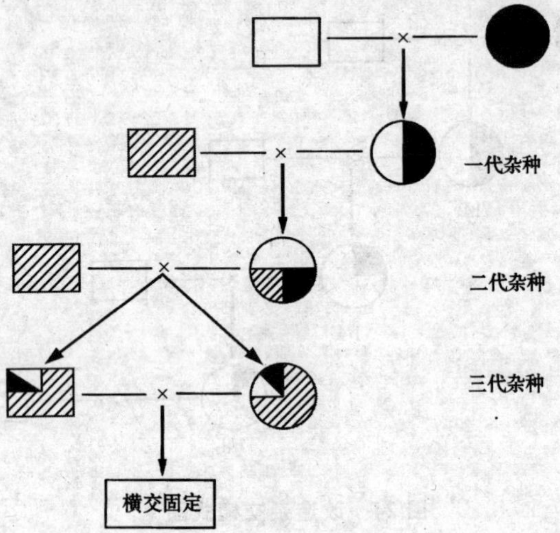

图 25　育成杂交模式图

甲品种母马　乙品种公马　丙品种公马

以上品种做亲本,通过有计划的杂交创造新的理想型。因此,必须根据育种方向和育种指标以及理想型的要求,设计相应的杂交育种方案,慎重地确定杂交亲本和杂交方式。

我国现以一个地方品种马为基础,用阿拉伯马与之杂交,用来改善杂种一代外貌、体尺类型;再用纯血公马与杂种一代母马杂交,以提高后代竞赛速度,来培育轻型的骑乘马种。实践证明,用阿拉伯马改善体型结构,用纯血马提高速度,用阿哈-捷金马提高持久力和耐力的育种方案是可行的。现昭苏马场也制订了用新吉尔吉斯马和纯血马与伊犁马杂交,培育乘用型伊犁马的育种方案。

②横交固定阶段　杂交后获得大量杂种,当杂种的体尺

类型，达到育种指标要求，兼有杂交品种的优点时，就应转入横交固定阶段。横交固定阶段的主要任务是通过有计划地横交，采用适当近交与加强选育相结合的方法，固定理想型杂种的性状，为品种育成打下基础。

横交就是选出优秀的杂种进行自群繁育。无论哪一代杂种，凡是符合理想型要求的，都可参加核心群，有计划地进行选种、选配。至于究竟用哪一代杂种横交，新品种含多少外血，应根据育种的要求和横交的实际效果决定。为保持地方品种的良好适应性，能由低代转入横交的个体，就不用高代杂种进行横交。凡体尺达到育种指标，特级、一级的一代杂种母马即可用优秀的高代杂种公马横交。在横交之前，要做好种公马的选留和培育，最好多保留几个血统，并经过后代品质测定的优秀个体。

对不符合理想型要求的一般杂种或横交后代，要严格淘汰。当横交后代中符合理想要求的个体达到相当数量时，即可采用适当近交与加强选育相结合的方法，进一步固定理想性状，提高马群的纯度和整齐度。

③**品种形成阶段**　本阶段的任务就是在上一阶段固定理想性状的基础上，继续提高质量，迅速增加数量，扩大分布地区，直至新品种的育成。

(5)**远缘杂交**　是不同种(属)之间的杂交。马和驴、马和斑马之间的杂交就是远缘杂交。远缘杂交能产生更多的杂种优势，但其应用受到不可杂交性和杂种不育性的限制。但随着生物科学技术的发展，这些问题将会得到解决。

(三)育种的技术措施

马(驴)育种时，都必须制订育种计划和建立育种档案。

1. 育种计划

在对原来马群血统、体尺、外貌、性能及自身特点进行详细调查的基础上，制订育种计划，其内容主要有以下几方面。

(1)育种的方向和指标　在考虑需要和可能的前提下，定出育种方向(即培育什么类型的马)，而体尺、体重、外貌、性能等育种指标都要有具体要求并与育种方向一致。

(2)育种途径和方法　首先确定用来杂交的品种，采取哪几种品种杂交，繁育的方法，杂交到几代和横交固定时的选种、选配方法等。

(3)育种措施　建立巩固的饲料基地，确定公、母马饲养管理方式，幼驹培育方法，各种马匹的饲料定额，体尺、外貌的测定时期，性能检测的方式以及疫病防治措施等。

2. 建立育种档案

这是育种工作的基础资料，应尽量做到详实。

(1)马籍簿　登记各公母马的毛色、出生时间、品种来源、血统、各项体尺、体重和鉴定等级等。

(2)种马簿　经鉴定后的公、母马，一律登记马名、马号、产地、毛色与外貌特征、血统、体尺、体重、能力测验成绩。公马要登记配种成绩、繁殖效果以及后代检测的成绩；母马要记载配种年度、预产期、产驹成绩等。

七、马驴骡的使役

合理使役，可以发挥牲畜的最大工作潜力，保证牲畜健康，延长其使役和繁殖年限。要做到合理使役，必须了解牲畜的役用性能以及影响使役能力的因素，掌握合理使役的技术。

（一）役用能力的指标

马驴骡役用能力的指标包括挽力、速度和持久力。

挽力是牲畜在挽拽工作中所用的力，可用挽力计测定，以千克表示（详见马驴骡的选择部分）。

挽力的大小主要靠牲畜的体重，一般情况下，牲畜在使役中发挥出的挽力占自身体重 10%以下时是轻役，占体重 10%～15%时为中役，占体重 15%～20%时算重役。但牲畜的体型、年龄、健康状况、饲养管理以及调教程度都与工作能力有关。

速度是重要指标之一。其他情况相同时，速度愈快，工作能力越强。当然，速度又决定于工作的性质和工作条件，如所用挽力越大，运动速度越小；要加快速度，就要减少挽力，缩短工作时间。

持久力通过使役和使役后根据牲畜的精神状态或一些生理指标的变化加以判断。持久力越强，工作能力越强。持久力受季节特点、气候条件、工作性质、紧张程度、牲畜状况、饲养水平、调教锻炼和使役技术的影响。

(二)影响役用性能的因素

牲畜役用能力的大小,除与自身年龄、体重等许多因素有关外,还与饲养管理、使役条件等有关。了解这些因素,就可以做到合理使役,使牲畜发挥出最高的工作效率。

1. 年　龄

幼驹 2.5～3 岁可以使役,4～15 岁时,正是身强力壮阶段,役用性能最强。如果饲养管理良好,使役合理,牲畜保持高度工作能力的时期可达 18～20 岁。反之,不但会降低其役用能力,还会缩短使用年限。

幼驹过早担负沉重劳役,会影响生长发育,导致各种疾病,其工作量应比成年牲畜减少 20％～25％。18 岁以上的老龄牲畜应比壮龄牲畜少 10％～15％。

2. 体重与体型

体重大,挽力就大;体重小,挽力或驮载力就小。低身、宽躯的牲畜,重心低稳,挽力大,而体型近方形或高方形的则挽力小,速度快。

3. 神经类型

性情暴烈的牲畜劳役时毛躁,运步不稳,不好驾驭,容易疲劳。性情迟钝的牲畜反应慢,运作迟缓,能力差。性情温驯,反应灵敏的牲畜役用能力最强。

4. 膘情和健康状况

牲畜的膘情好,体质结实健康,才能精力充沛,干活不易疲劳,工作能力强。因此,要根据牲畜的膘情量力使役,加强饲养,使牲畜膘肥体壮。

5. 调教程度

调教可以锻炼肌肉、筋腱、骨骼,促进血液循环和神经系统、内分泌系统、消化系统及呼吸系统的活动，加强新陈代谢和运动器官协调。所以，经过调教的牲畜动作协调，呼吸有节奏，体力消耗少，有较强的工作能力。

6. 刷拭和护蹄

马体刷拭可以改善血液循环，消除疲劳，增强人畜亲和力，有利于役力的发挥。正确清理、修蹄和装蹄可以保障肢蹄健康，蹄形正常，运步准确，役用能力强。

7. 使役条件

车辆的弹性、车轴的滑润程度、车轮的大小及轮缘宽度、车辆种类和装载方法、道路情况、套具装备等都影响役力的发挥。因此应尽量改善上述条件，提高役用效率。

（三）使役的原则

要做到合理使役，使役、繁殖两不误，充分发挥牲畜的役用性能，应当遵守以下原则。

1. 养使结合，使繁结合

俗话说“三分养，七分使”，说明合理使役和饲养与使役相结合的重要性。要做到喂饱饮足，满足其营养需要，牲畜膘肥体壮，才能发挥出最大的役用性能，并正常发情，适时配种。母畜产驹前 2 个月最好不使役，如果使役也要均衡，减轻使役量；产后休息 3 周，4～5 周开始干轻活。公畜在配种期要减少工作量 25％～50％，配种量大时不使役。

2. 量力使役，防止过劳

耕、播、收、拉、打（场）农活和运输，轻重差别很大，如开荒、耥地、长途运输是重活；耢地、打场和短途运输是中等农活；打磙子、积肥或其他零活就比较轻松。要根据牲畜的年龄、体重、膘情、使役能力等具体情况，进行合理安排，量力而行。一般应是强重弱轻，力大的驾辕，速度快的拉套。使用中要定时间、定速度、不超载、不突击、劳逸结合，“不怕千日使，就怕一日累”，防止过度疲劳。

3. 合理配套，套具合体

要根据牲畜的特性、挽力大小合理配套，尽量让其发挥出最高性能，力量均衡。如性急马骡不能和慢性子的联驾在一起，要使调教好的温驯的牲畜驾辕，急性子马拉外套，新调教的要放在串套上。

小鞍、套包、夹板等套具如果不合畜体、长短不一、位置不正，或接触畜体的部分坚硬、有破损，不仅影响力量的发挥，而且还会造成外伤。所以，每匹牲畜都应有固定、合体的套具。平时要注意保管和维修，使役前后要仔细检查有无损坏。

（四）使役技术

使役技术的好坏，不仅关系到役畜工作能力的发挥，而且与牲畜的健康和人、畜安全有关。因此，要掌握使役的技术。

1. 田间作业的使役技术

田间作业包括春种、夏耥、秋翻和开荒等，都是赶农时的重活，如使役技术不佳，不仅会降低工作效率，不能保证农活的质量，甚至会对牲畜造成伤害。

犁地时，要根据牲畜的性情、体力、年龄、膘情等进行强弱搭配。一副犁用 2 匹牲畜联驾时，可选体格、挽力大小相近的，在左侧的更应性情温驯、听从口令、体力更好些。3 匹联驾时，将挽力大的套在中间，4 匹联驾时，要排成两列纵队，强壮者套在后排。要用变换横木（攀杆子）挂套的位置进行调整，使两边牲畜都发挥出力量，保持横杆的平衡。扶犁要稳，防止左右摇摆，最好扶犁的人跟着垄沟走，要把牲畜赶齐、赶稳、走匀、走正。犁地头时，因土质较硬，要勤晃动犁把，并且在此多停留一会儿，让牲畜喘口气，歇一歇，也可让幼驹吃些奶。

要根据土壤情况、地头长短、天气情况等灵活掌握工作进度和休息时间。一般每隔 2 小时休息 30 分钟，或每小时休息 15 分钟左右。

2. 运　输

运输劳役中，用所运货物的重量(吨)乘以运送的距离(千米)来表示工作量(吨×千米)。因此，既要求牲畜挽力大，又要求速度快，能持久。

驭手在套车前，应先检查挽具和车辆的各部件是否完整、无损和适宜，再加油套车，带足粮草和饮喂用具。装车时要先装头，后装尾，两头轻、中间重，高低、宽窄要适宜，左右对称，重心平稳，车辕要轻重合适，装载量要根据牲畜的强弱、路程的远近、道路好坏、天气情况等灵活掌握。

刚出车的一段时间要慢赶，走 1～2 千米后稍停，让牲畜排尿并稍紧肚带，然后再加鞭快走。要把牲畜赶齐、赶稳，紧赶一阵，慢赶一阵，“紧赶慢赶，歇歇喘喘”。

驭手要随时留心道路情况、牲畜的疲劳状况和车上货物的装载情况，不使牲畜过累，保证行车安全。做到刚上套不快赶，喂饮后不快赶，路不好走不快赶，要到家和饮喂前不快赶。

上下坡前要让牲畜先停歇一会儿，检查挽具和车辆，尤其是刹车要好使。上坡时，驭手要压住车辕，口令要配合牲畜用力情况。如实在拉不动了，要使车体稍微横放休息片刻，将车轮垫好，防止滑车。下坡时，车辕要轻，驭手下车，拉紧刹车把，牵好里套牲畜，看着驾辕的牲畜，稳住车体，不断收刹车闸，缓慢放车，严防跑坡。

过河前要先让牲畜饮足水，排完尿后再过河，以免到河中牲畜喝水、排尿，容易“误车”。要牵短缰绳，稍抬高牲畜头部，沿着前车轮胎压印，或沿事先选好的平坦坚硬的地方，扬鞭呼喊，冲过河床。

雨后夜间行车，根据“白水、黑泥、黄干道”来判断和选择道路。雨天、风雪天、顶风行车、道路险要、周围有异物声响的强烈刺激时，驭手要沉着冷静，使牲畜平稳前进，控制缰绳和刹车把，防止“毛车”。

3. 驮　载

在重量相等的情况下，驮载比拉载方便，行动灵活，又可走小路，尤其是驴和骡更适于驮载。

一般情况下，载重量相当于牲畜体重的 1/3 左右，最大载重量可占体重的 32%～35%。泥路、坡路或在山区驮运时，驮载量应适当减少。

鞍具要适合畜体，鞍垫要柔软，不可过薄。备鞍时，要检查鞍褥，不能有沙子和污物，以免发生鞍伤。

装载货物时，不要猛然放在牲畜背上，防止其脊椎或内脏受伤。驮鞍两侧重量要均衡，货物不要过高，最好不超过牲畜鬐甲 35 厘米。货物应放在牲畜肋骨部位，如过于靠前，牲畜站不稳，易跌倒；过于偏后则行进能力受影响。

驮载时，一般都是慢步行进，马、骡 1 天走 50 千米以内，驴 1 天走 30 千米左右。长途驮载时，要选体格大、强壮、灵敏、温驯、听从口令的牲畜带头。途中应有大休息和小休息，大休息为 2 小时左右，要卸下货物，喂料、饮水。

上、下坡前，要先休息一会儿，检查货物是否牢固，紧好牲畜肚带。上坡时，驭手可在前长拉缰绳，让牲畜自己选择道路，助手可在后方助推。上陡坡时，要一气呵成，中途不要停歇。下坡时，驭手要在侧方短牵缰绳，将牲畜头部抬高，配合口令，缓慢前进；如遇陡坡，另一助手可在后方用绳拉着货物。

遇有险要地段，驭手要胆大、心细，切不可慌乱，要控制好缰绳，以温和口令抚慰，消除牲畜的恐惧心理，缓缓行进。

八、马术运动及现代赛马

发达国家农业机械化以后，马业并未衰退，而是以马术运动和现代赛马作为马业的产业支柱继续发展。它是经济、文化发达的产物，是多种功能的产业。

马术运动是奥运会体育项目，设6块金牌，各国均势在必得。2008年北京奥运会组委会马术项目领导小组已正式成立，我国也在积极准备参赛。

2007年将在北京、温州、武汉、南京等地举办全国马术(分别为场地障碍、盛装舞步、三日赛)锦标赛、大奖赛、精英赛、冠军赛、全国速度赛马锦标赛和纯血马大奖赛等。

现代赛马已成为发达国家和地区人们生活中重要的文化娱乐项目，经济活动的纽带，人际交往的载体，公益慈善事业的支柱和税收大户。全世界大型赛马场有2 000余所，分布在88个国家和地区。我国是养马大国，但马业的贡献很低，有马术俱乐部100余所，马术队只有10余个，而赛马场不足10个。

我们借鉴国外经验，探讨中国现代养马发展之路，具有重要现实意义和深远的历史意义。

本书简要介绍马术运动和现代赛马的有关知识。

(一)马术运动

马术运动是在马上进行各种竞技运动的总称。内容包括骑术、马驾车及马球等项目。

国际上通常将其分为奥运会项目、国际马联项目和民族传统项目。

在我国，一般是指奥运会项目。它包括盛装舞步、超越障碍和三日赛。

1. 盛装舞步

骑手穿着盛装，马匹走舞步，被形容为马的芭蕾表演。是对骑手驯马成绩的考验。通常是在 1 200 平方米的长方形场地内，参赛人马在规定时间内完成行进、疾走、慢跑等数十个规定的舞蹈步法，难易程度随比赛级别而定。裁判根据马的步伐、骑师的坐骑及对扶助的运用、马匹对骑师的驯服程度、人马运作是否准确、流畅来评分。其他如人的精神面貌、服饰、鞍具、马体修饰给裁判的印象，也会影响评分。最后按得分多少排定个人或团体名次(图 26)。

图 26　盛装舞步图

2. 超越障碍赛

国内叫障碍赛。是全国锦标赛和全运会的比赛项目。它是考验马匹的速度和动作准确性的竞赛项目(图 27)。在面积 3 000 平方米左右的场地内，要求马在规定的路线、时间内跨过水池、模拟石墙、横杆等不高于 1.6 米的障碍物。马匹拒跳、摔倒、顺序出错、横杆掉落以及超时，都将被扣分。最终以

图 27 超越障碍赛

罚分少、时间短者为优胜。障碍赛级别高低的划分主要是看障碍设置的高度和宽度。

3. 三日赛

分盛装舞步赛、越野赛和障碍赛三部分。

第一天是盛装舞步赛，展示马匹的受驯程度。以盛装舞步开场来作为出征前的阅兵式。

第二天原来是分 4 个阶段进行，前 3 个阶段，马要跨越障碍等，考验马匹的速度和耐力。雅典奥运会后，将三日赛的比赛程序进行了改革，去掉了前 3 个阶段，只保留第四个阶段，即马匹要在 5～8 千米起伏不平的越野道路上奔跑，并要跨越人工设置的 20～30 道障碍，对骑师和马匹的综合素质进行考验。根据骑手失误罚分和超时限罚分来评定区间总成绩。

第三天进行的是场地障碍赛，内容基本上和障碍赛的单项比赛相同，但难度要低些。赛场地段为 750～900 米，沿途设置 10～12 个障碍，要求速度为平均每分钟 400 米。其中必须有 1/3 达到最高限的 1.2 米障碍和一个水沟障碍，裁判员根据骑手失误罚分和超时限罚分来评定成绩。最后以 3 项总分评定名次。

奥运会三日赛有个人和团体 2 个项目，比赛中充满危险和刺激，是马术比赛中最艰苦的项目。

（二）现代赛马

现代赛马主要是指商业性的平地赛马、驾车赛马和马球。

平地赛马有长、中、短途之分，还有条件赛、平磅赛、让磅赛之分，也有沙地赛和草地赛之分。用于比赛的马种也可分为纯血马组、非纯血马组，马的年龄、性别也要有所区别。

赛前要进行评磅。评磅员的工作是评定马匹的竞赛能力,以评分来调整马匹的负磅以及出赛时可能面对的对手,以求在同场的竞赛中各参赛马可以有比较均等的胜出机会。总之,评磅工作决定同场竞赛的马匹竞赛场地、路程、负磅多少和骑手的选定。这样使赛马更艺术化,竞争更激烈,比赛更公平,赛事更精采,更具悬念(图 28)。

图 28　现代赛马图

通过赛马场地的摄像及计时系统,使每场赛事结束后 3 分钟左右,人们即在电子公告牌上可看到头马至终点时间的照片。每条跑道在 800 米、400 米、200 米及终点位置设置的感应器连接摄像塔上的电子计时器,可自动记录该马到达此处的时间,准确无误。终点计时器与电脑打印机相连,即刻打印出计时、准确的比赛成绩。

现在世界各国各地区都在举行名目繁多的赛马。1999 年曾举行第一届世界赛马锦标赛,吸引了全球 15 亿～20 亿人的关注,世界上 200 多家电视台进行了现场转播。我国也曾举行了几届全国速度赛马锦标赛。但因我国缺乏优秀的赛马品种,所以速度赛马的水平较低,如 1 000 米的最好成绩仅为1分6秒，而世界纪录为56秒。

马车赛主要有四轮车赛和轻驾车赛。四轮车赛一般进行调整测验、驾车马拉松赛和驾车通过障碍赛。分别对马和车的仪表、运动姿势、马匹动作的协调性、马匹耐力、适应能力、步调以及驭手的技术水平等进行评定。比赛场地有的是在马场进行，有的在天然或人工障碍的分段道路上进行。

轻驾车赛是马驾两轮轻马车在椭圆形场地内进行的比赛。要求马匹必须用快步或对侧步奔跑。常用的马种有法国快步马、奥尔洛夫马、泰国快步马等。

马球运动是由中国传向印度，后又传至欧美。曾在两届奥运会上被列为比赛项目。马球的打法近似于曲棍球和足球。由两只队伍各有4名队员骑马在9个足球场大小的场地上进行对抗。每场比赛共6巡，每巡不超过7分钟，将马球射入对方球门多者为胜。

（三）骑马和骑马旅游

骑马是一种时尚、高雅的休闲娱乐活动，它不仅可以锻炼身体，治疗神经衰弱、性欲低下、胃肠胀气等疾病，也可在骑乘中享受到马带给你的那种自信、愉悦的感觉和乐趣。

骑马旅游可使人开阔视野、强健身体、陶冶情操、锻炼意志、感受自然环境、了解民俗民风、增长知识、结交朋友，所以有人将此称为人文地质旅游。

骑马和骑马旅游已成为现代人的一种生活时尚。如红山马场在2002年旅游用马千余匹，旅游骑马者达11万人次。为此，本书介绍一些有关骑马的初步知识。

1. 怎样接近马

接近或牵引马匹时要谨慎，胆大而警惕，经常注意马的表情和动作。主要观察马的耳、眼、口、鼻、躯干和四肢的行为表现。马全身的动作表现,常以联合行为出现。

两耳前竖,频频转动,表示注意和惊恐;两耳向后倒,尾夹于两股之间,向四周探听情况,表示疑惑不安。接近时,应先以轻缓的声音给马以招呼,然后再慢慢接近,抚摸其肩部加以安慰,待马安静后再接近。

竖耳鸣鼻,怒目狞视,有时鼻翼搧动,全身紧张,尾根紧收,是马恐惧的表现,且有向人、畜攻击之意,接近时应特别小心镇静。应消除其恐惧心理,加紧控制缰绳,防止逃脱。并停止前进,以减低其兴奋性,等马安静后再接近。

接近马匹时,不应突然向前,应先向饲养员问明马的习性如有无恶癖,熟悉哪些口令,然后发出温和的声音或呼马名、马号,慢慢地接近。因马多站立睡眠,突然接近或从后面接近,会引起反抗,发生事故。不要触碰马的敏感部位及危险性较大的部位,如耳、眼、腹下、肷部、阴囊、肛门、四肢下部等。可轻轻拍打颈部,抚摸肩部、背部及鼻梁表示爱护和安慰,以免引起马不安和蹴踢。接近的位置由马体左前侧方接近(俗称里手),不要从正前方或后面去接近。

2. 戴笼头或装马勒

动作要求温和,操作要求迅速正确。装勒时先由左前方接近马体,将缰绳套于右臂,或把缰绳绕过马头,套在颈上,然后用右手提项革,左手拇指及食指分开口衔环,再轻压马口角,马口即张开,遂将口衔送入马口内。右手提举项革迅速套于耳后,再将马门鬃理出额革,调节颊革长短,扣上咽革,调整松紧适度。马勒的构造见图 29。

3. 备　鞍

根据马的背形选择乘鞍,高低宽窄要合适。事先要检查

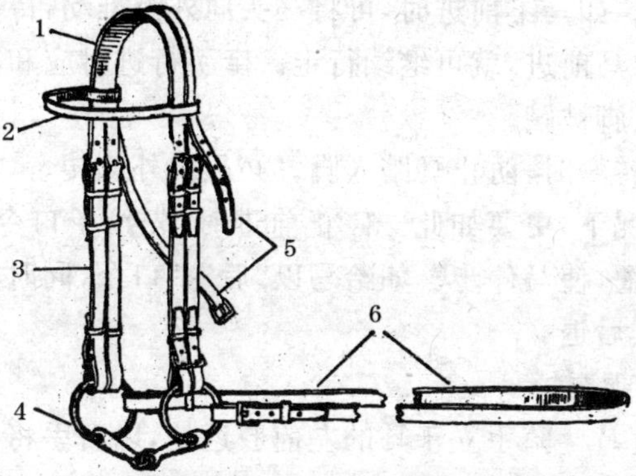

图 29　马勒的构造

1. 项革　2. 额革　3. 颊革　4. 衔环　5. 咽革　6. 缰

马体有无外伤，鞍褥是否平整、清洁。鞍骨、蹬革、肚带等是否完好，以保证人、马安全。

备鞍时，骑手要胆大、心细。先令马闻嗅鞍褥，于马体左侧进行操作。将缰绳挂在左臂，右手将鞍褥轻搭在马背上的正确位置，由前向后拉，前缘在鬐甲后方。两手分别握鞍桥，向上稍稍提起，放在鞍褥上。在距肘约一横拳处扣好前肚带，接着扣好后肚带。后肚带不可过于靠后，否则马因不舒服而蹴踢。前肚带要紧些，但以能插进 4 个手指为合适。两手由上而下将肚带下的皮肤和被毛弄顺。按骑手臂部的长度，调整镫革的长度。一般是镫革与手臂长度相等为宜。

卸鞍与装鞍顺序相反。鞍卸下以后，要将镫、肚带等放在鞍座上，将鞍褥放好。

4. 牵　引

牵引马匹前进时，用右手指插入两缰间，以一般保定的状态引导马前进。在引马行进时，应先给予口令，不宜突然引缰压迫口角。如马不前进时，可将马头向外侧推动，待其前肢移动时，再导马前进，就可继续行走。牵引行进时应和马步伐一致，以免人脚被踏。

牵马转弯时，防止马踏人脚。必须向外侧转弯，在不熟练牵马的情况下，更要如此。停止前进时，先给予口令，同时右手轻轻压缰，使马停步。如给马以“后退”口令，同时右手用力压缰，让其后退。

5. 骑乘要领

(1)上马　骑手立于马的左前肢近处，以右手将缰套在马颈部。左手无名指插入两缰之间，左缰稍长，右缰稍短，使马颈向右稍弯，并握住鬐毛，将余缰抛至马颈右侧。右手执镫，左脚尖踏入镫内。右手握后鞍桥(或搬前鞍桥)，以右脚掌的弹力和两臂的支持力纵身跃起，同时两臂支持体重，上体前倾，右腿伸直跨过后鞍桥，右手随之移至前鞍桥右侧，轻轻坐于鞍上。右脚踏入镫内，保持乘马姿势。上马时要注意以下几点。

第一，马的表情和举动是否安定，上马后能操纵马匹。

第二，动作要稳而快，胆大而警惕，要抓住缰和鬐甲部的长毛，人体可随马体转动而移动。

第三，上马后要尽快调好缰，以便控制马匹。如脚尚未入镫，马已快跑，可先用两腿夹紧马的腹侧，待其慢行后，再双脚入镫。

(2)乘坐姿势　要求乘坐姿势正确。骑手上体要正直、自然、肩平、头正、两眼平视、上臂自然下垂，用一手或两手握缰，放在腹前约10厘米左右。上身直立，大腿前倾，小腿自然下垂，脚以1/3入镫，不要入镫过多，脚尖不低于脚跟。

(3)乘马操纵　令马前进或快走时，先给马前进的口令，同时缰稍放松，不要向上提缰或抖动缰绳。可用两脚跟内侧轻叩马腹。令马停止时，先给口令，可稍拉紧缰。左转弯时，可拉紧左缰，放松右缰，并使右缰向左压迫马颈右侧。骑手上体亦可稍左倾，使重心左移。右转弯的动作与上相反进行（图30）。

(4)下马　下马动作与上马动作相反。下马后，将缰由马颈上取下，骑手面向马的前方站于马头左侧，右手持缰（距马头10厘米处）牵马行走或站立。

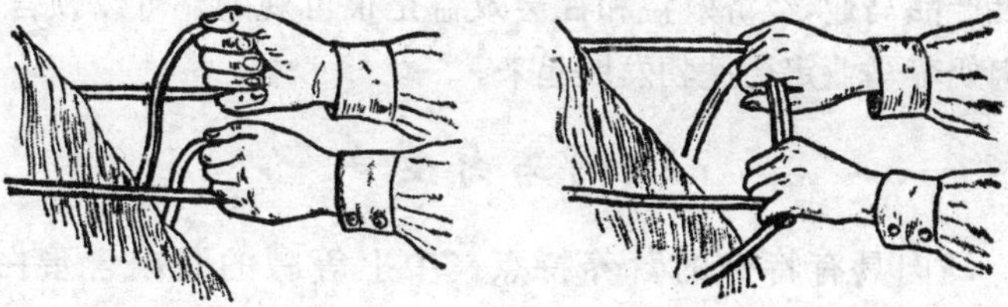

图30　持缰方法

6. 骑乘时注意事项

第一，要注意着装，尽量带头盔，穿面料比较柔软的紧身长裤，着鞋底平滑而不是防滑的鞋子，女士不带发卡。

第二，不要在马上做激烈的动作，不要在马上换衣服，尤其是鲜艳的衣服，以免使马受惊。

第三，骑马一段时间后要检查马肚带的松紧情况，如太松，可再收紧。

第四，马下坡时不要奔跑，注意控好缰绳。

第五，注意躲闪路旁的树枝或铁丝网。

第六，遇到可能惊吓马的事物时，应事先对马加以抚慰，可轻发口令，拍其颈部。

第七，马失前蹄时，不要抱马脖子，要及时提起缰绳。

九、马肉、奶产品开发

随着人民生活水平的提高，我国马业正由动力型转向运动型、娱乐型多元化方向发展。

我国草原辽阔，群牧养马业历史悠久，马品种资源雄厚。在满足役马生产的条件下，800多万的马匹中，如取其1%～2%来发展产品马业，经济效益和社会效益是很可观的。可以预言，我国肉奶养马业定会蓬勃发展起来。

（一）马肉生产

马肉具有特殊的营养特点。中上等膘的马肉含蛋白质24.6%，高于猪肉、牛肉和羊肉，而脂肪含量仅为4.7%，大大低于后三者，况且马脂肪的化学成分近似于家禽脂肪和一些植物油，其中不饱和脂肪酸含量高达61%～65.5%，亚油酸、亚麻酸这些必需不饱和脂肪酸含量为15%～20%，而猪脂肪中仅含7%，牛脂肪为1.5%。所以，许多国家都把马肉当作高级医疗保健品。除利用鲜肉和加工成诸多高级食品外，还作为其他肉类加工品的必需添加料。国际市场对马肉的需求日益增长，且缺口较大，马肉已成为最畅销的肉类之一。澳大利亚有3个马匹屠宰场，每年约屠宰马4.5万匹，1年利润约2 000万澳元。阿根廷每年也有马肉出口。

世界上现已培育出了专门化的肉用、乳用马新品种或尚未达到品种标准的品种群。俄罗斯已建立起以扎贝马、新吉尔吉斯马以及巴什基尔马为主的肉用马生产基地。

我国马肉生产处于起步阶段。据1998年统计，马肉产量为773万余吨。近年来，大连、新疆、内蒙古等地生产马肉出口，已显现出兴旺的势头。如内蒙古自治区1个企业投资6000多万元，引进了先进的屠宰加工设备，具有年屠宰10万匹，已有加工冷鲜马肉2万吨的生产能力，并与欧洲签定10年、每年出口1万吨马肉的合同。

我国地方品种马的屠宰率不高，放牧条件下中上等膘的哈萨克马6月龄时仅为55.8%，中上等膘6～8月龄时的屠宰率为52.6%。对未经肥育的伊犁马测定，3.5岁屠宰率为54.5%，净肉率为43.4%，6.5岁时屠宰率为54.5%，净肉率44.4%，10.5岁时分别为50.5%和40%。

影响马肉产量和质量的因素很多，但主要是品种特性和膘情。我国主要是以三河马、伊犁马以及某些重挽马与当地品种马的杂种生产马肉。今后应制订相应杂交改良的培育计划，加强选种选配工作，不断加强资料积累工作，有条件的也可引进国外较好的专门肉用马品种，如后贝加尔马和扎伯马来提高马的肉用性能。

（二）马奶开发

我国新疆、内蒙古等少数民族地区，有悠久的饮用马奶和马奶酒（酸马奶）的习惯。世界上拥有草原和群牧马的地区，如俄罗斯、蒙古等国家都在发展马奶业，把马奶和马奶酒作为高级营养品和医疗保健饮料而广泛开发利用。

1. 马　奶

马奶具有鲜明的特点，营养成分丰富，平衡，是理想的保健饮品，其营养成分见表10。

表 10　各种奶的营养成分　(%)

奶　类	水　分	干物质	总蛋白质	酪蛋白	白蛋白和球蛋白	乳　糖	脂　肪	灰　分
人　奶	87.6	12.4	1.2	—	—	7.0	3.8	0.21
马　奶	89.0	11.0	2.0	50.7	49.3	6.7	2.0	0.30
驴　奶	90.1	9.9	1.9	35.7	64.3	6.2	1.4	0.40
牛　奶	87.5	12.5	3.3	85.0	15.0	4.7	3.7	0.70
牦牛奶	82.0	18.0	5.0	—	—	5.6	6.5	0.90
绵羊奶	82.1	17.9	5.8	77.1	22.9	4.6	6.7	0.80
山羊奶	87.0	13.0	3.4	75.4	24.6	4.6	4.1	0.90

注：营养成分中除酪蛋白、白蛋白和球蛋白为占总蛋白百分数外，其余均为占干物质的百分数

从表 10 可知，马奶比人奶蛋白质含量高，低于牛奶，而乳糖比牛奶高 1.5 倍。马奶的脂肪量低于牛奶，但必需脂肪酸，特别是亚油酸、亚麻酸的含量高。马奶优于牛奶的最大特点在于蛋白质成分。牛奶中含有难溶解的酪蛋白，多达 2.9%，而马奶中酪蛋白仅含 1.05%，可溶性蛋白质占 1.03%。所以，马奶更易被消化吸收。其次，马奶中含有 11 种维生素，其中维生素 C 比牛奶多 5～10 倍。总之，马奶在化学成分上接近人奶，富含钙、磷、钴以及具有抗贫血和抗坏血病的维生素 B_1、维生素 B_2 和维生素 C。

我国广大汉族地区的人群中，大约有 2/3 的人体内天生缺乏乳糖酶，不适合饮用牛奶。马奶中乳糖酶含量为 6.7%，与人奶的 6.4%相接近。所以，马奶是高效的保健饮品和婴幼儿的最佳代乳品。

2. 酸 马 奶

马奶经过发酵成为酸马奶，其化学成分与马奶有较大差别。酸马奶的干物质含量降低，只占 6.8%～8.6%，乳糖含

量降至1.4%～4.4%，而蛋白质、脂肪含量变化不大，维生素C和B族维生素增加。在发酵过程中，马奶产生0.5%～1%的乳精酸以及多种生物活性成分。

实践证明，酸马奶用于治疗结核病、胃肠疾病疗效显著。现正研究其对心血管疾病、神经性疾病、呼吸系统疾病的治疗作用。因此，酸马奶是具有很高营养价值，食疗和医疗疗效显著而应用广泛的奶制品。

目前，俄罗斯等国已建起百余所酸马奶疗养院，每年需酸马奶8万多吨。我国正处于马业结构调整时期，马奶及酸马奶的开发将会越来越被重视。

从马的泌乳生理上看，马的产奶潜力很大。但不同的马品种产奶量差异很大，有的在5～7个月的泌乳期内产奶1 300～3 000千克，产后2～3个月时的日均产奶量为10～15千克，高产的可达20～25千克，创记录的产奶量为6 100千克（其中有2 500千克商品奶，3 600千克为2匹幼驹消耗）。

我国地方品种和纯放牧的马品种产奶量很低。在牧区，青草季节每日产奶仅2～5千克，伊犁马在120天的哺乳期内仅可产奶650千克左右。而一些乳用马种的产奶量可以达到低产奶牛的生产水平。所以，今后我国不仅需要提高伊犁马、三河马、哈萨克马以及重挽马的杂交后代的产奶量，还可适当引进俄罗斯乳用型库素姆马（产奶量2 310千克）、诺服吉尔吉斯马（5～6个月产奶2 493～2 586千克），用以杂交改良我国土种马。

（三）马的肥育

我国肥育马的饲养方式有2种，一是放牧肥育，一是舍饲肥育。

放牧肥育可大大降低生产成本，又可合理利用丰富的草原资源。在牧区，一般是在5月份至10月份进行放牧肥育。早春季节可进行补饲，以补饲为主、放牧为辅，进入春末则以放牧为主、补饲为辅。放牧技术可参考本书的群牧马放牧管理。重点是抓好春膘和秋膘。

在放牧条件下，2～2.5岁的马平均可增重85千克左右，3～3.5岁的马可增重78千克。据姚新奎的试验，伊吾马放牧肥育中随年龄的增长，增重明显下降，屠宰率、净肉率增加不明显，而肉脂比例明显上升。肉、脂成分也有较大变化，蛋白质和不饱和脂肪酸下降，饱和脂肪酸和胆固醇增加。

舍饲肥育的关键是如何提高饲料利用率。马的品种、年龄、饲养水平都影响饲料利用率。如重挽马早熟性好，生长发育快，经强度肥育，6～7月龄时体重可达400千克，重挽马与土种马的杂交一代，体重比土种马提高7%～20%，重挽马与哈萨克马的杂种一代幼驹，经肥育80天后体重可达80千克。

马驹肉鲜嫩可口，脂肪少，肉的品质最佳。所以，最好是在断奶前除吃母乳外，还应补饲，断奶后马上屠宰。或者经1～2个月强度肥育，即每日给精料3～4千克，青贮料6～8千克和干草2～3千克，每日平均增重可达1～1.2千克。

有条件的半农半牧区，对3岁以前的马可以实行放牧和强度肥育相结合的方式。至宰前1～2个月，加大精料比例，提高日粮中能量饲料，如玉米、高粱、麸皮的比例，保证能量、蛋白质、矿物质的供给。有的地区，每日给予占日粮21%～56%的土豆，取得了良好效果。强度肥育时，应使马充足饮水，限制运动。当马的鬐床、荐部、腹壁内侧肥厚、骨骼不外露棱角时即可出栏屠宰。

十、疾病的预防

疾病是畜牧业的大敌。我们不仅要懂得牲畜的生理特点，掌握饲养管理、繁殖和使役的科学方法和技术，而且还要了解预防疾病的常识，做到预防为主，使牲畜少得病或不得病，长得膘肥体壮，从而发挥更强的生产性能。

（一）马、骡健康状况的判断

牲畜是否得病，最可靠的是由兽医进行诊断。但是，我们应随时注意观察，根据牲畜外部表现及早发现疾病，及早治疗。

1. 健康的马、骡

精神活泼，两耳竖直，活动自如，眼亮有神，呼吸平稳。食欲旺盛 ，能吃能喝，咀嚼有力而常带清脆响声。被毛整齐、有光泽，皮肤有弹性，皮温正常，特别是鼻子和耳朵不过热、不发凉。眼结膜淡红色，口、舌颜色红润。可以随意调整驻立或躺卧的姿势，站立时头尾不动，轮流歇息后蹄。走路轻快、平稳。粪便为肾形或不规则的球形，落地后部分完整，部分被摔开，颜色为黄褐色或黄绿色，尿为淡黄色。

2. 患病的马、骡

精神不振，头低耳耷，两眼昏迷好闭，喘气粗快，对外界刺激不敏感，木然呆立，或兴奋不安，狂奔乱走。食欲减退或完全不吃，喝水减少或不喝，退槽后站立，或远离畜群，有的吃草不嚼或嚼而不咽，甚至吐草末，有的吃粪喝尿。被毛粗乱，没有光泽，换毛晚，毛易脱落，皮屑多。皮肤缺乏弹性，皮温不正，耳、鼻发凉或过热，干点活儿就出虚汗。鼻、口腔黏膜苍白或眼结膜发黄、发绀，鼻液多，四肢无力，走路不稳，有的弓腰，有的总回头看腹，有的卧地打滚，有的四肢伸开、强直，有的四肢拘缩腹下。因为疾病不同而表现出异常的姿势。病畜的粪便呈硬球状，也有的腹泻似水，颜色为土黄色或煤焦油色，非常腥臭。尿液为酱油色或透明无色。

（二）传染病的预防

马、骡的疾病很多，其中威胁最大的是传染病。马得了病如处置不当，致病菌或病毒就会随着被病畜污染的饲料、饮水、空气、土壤以及人、畜等传播和蔓延，造成很大的危害和经济损失，因此，我们要做好预防工作。

1. 注意环境卫生

改善饲养管理和环境条件，增强马、骡对疾病的抵抗力，是减少传染病发生和传播的积极方法。因此，圈要常起常垫，天天打扫干净，保持清洁和干燥，并定期用生石灰水或来苏儿水消毒。沤粪坑要远离厩舍，尤其是离水源要远。

饲料要清洁卫生，品质优良，品种多样，满足马、骡的营养需要。喂饮要定时，防止饥饱不均。管理上要适当运动，使役合理，有劳有逸，保证牲畜健康，提高抗病力。

2. 定期进行预防注射

及时而有重点地进行预防注射，对扑灭和防止传染病的流行有重要意义。如给马注射炭疽疫苗，就可以 1 年内不得炭疽病。因此，广大农民一定要相信科学，及时去兽医站注射疫苗。

3. 做好检疫工作

检疫是阻止传染源散布的有效措施。要定期去兽医站用科学方法检查有没有传染病。不要去发生传染病的地区，更不能从这些地区买牲畜或草料。从外地买回的牲畜，要隔离饲养管理，不要与原来的牲畜混群，观察一段时间，最好去兽医站进行检查，确认完全健康后方可入群。

4. 严格隔离和消毒

马、骡一旦患病，就要把病畜与健康的牲畜分开，隔离饲养，避免传染。对病畜的圈舍和用具进行彻底消毒。患传染病死亡的牲畜，不能出卖，不能吃肉，要在离村子、道路、河边、放牧地较远的地方，挖2米以上的深坑，将死畜上下撒上生石灰后用土埋起来，并将运送死畜的车辆彻底消毒。

有关马、骡疾病的预防和诊疗技术，请参看金盾版《新编兽医手册》。